科学可以这样学

北京市科学技术协会
科普创作出版资金资助

原来是生物

《知识就是力量》杂志社 编

U0279647

机械工业出版社
CHINA MACHINE PRESS

本书带领中小学学生进入了奇妙的生物世界：成语"鼠目寸光"常用来形容人目光短浅、缺乏远见，但老鼠的视力真的只能看到几寸范围内的物体吗？当我们睡觉时，大脑在做什么，也在睡觉吗？从"披甲猪"身上，我们得到了哪些仿生学启示？1亿年前昆虫界的"伪装者"是什么样子的，它们有什么生存智慧？……这些问题的背后，都隐藏着不为人知的生物学奥秘。

本书从生物们的神奇特质、人体运作的生物学秘密、探索生物新科技、掌握生命的奥妙四个方面给中小学学生呈现出一幅幅玄妙的生物图谱，希望阅读本书的中小学学生能够从中了解生物学知识、破译生命密码，更加热爱生命、热爱我们的生物朋友！

图书在版编目（CIP）数据

原来是生物 /《知识就是力量》杂志社编. -- 北京：机械工业出版社，2024. 10. --（科学可以这样学）.
ISBN 978-7-111-76779-4

Ⅰ. Q1-49

中国国家版本馆 CIP 数据核字第 2024M6Q091 号

机械工业出版社（北京市百万庄大街 22 号　邮政编码 100037）
策划编辑：彭　婕　　　　　责任编辑：彭　婕
责任校对：贾海霞　梁　静　责任印制：李　昂
北京尚唐印刷包装有限公司印刷
2025 年 1 月第 1 版第 1 次印刷
170mm×240mm・9 印张・98 千字
标准书号：ISBN 978-7-111-76779-4
定价：69.00 元

电话服务　　　　　　网络服务
客服电话：010-88361066　机 工 官 网：www.cmpbook.com
　　　　　010-88379833　机 工 官 博：weibo.com/cmp1952
　　　　　010-68326294　金 书 网：www.golden-book.com
封底无防伪标均为盗版　机工教育服务网：www.cmpedu.com

序

当打开这本书的时候，你肯定是带着好奇心的。多半不是好奇"生物"是什么，或是"生物学"应该怎么学，我猜想，你好奇的是"生物世界"你还有哪些不知道……实际上，我们每个人都有这样的珍贵品质，这种好奇也是人类探索世界的最重要的动力，正是因为好奇才推动了我们对自然的探索，推动了科学的发展，推动了文明的进步。

你可以通过观察发现问题

人们常说，科学是格物致知的一种路径。如果我们总结一下的话，科学的基本特点是以实证作为判别的尺度、以逻辑作为辩论的武器、以怀疑作为审视的出发点。所以，科学应该怎么学习呢？无论是物理、化学，还是生物学，都强调基于观察和实验认识自然规律。或是偶尔地一瞥，或是专注地凝视，我们往往是在观察中提出问题：鼠类真的视力差吗？大脑会不会睡觉？有没有两匹斑马的条纹是一样的？……发现问题是科学研究的起点，你可以亲自体验这种发现问题的过程。

生物学课程是科学领域的重要学科课程之一。生物学，是这个学科的准确名称。过去相当长的一段时间，在中学的课程表里出现的是"生物课"，但如果你拿到现在的中学教科书，你会发现正确的书名为《生物学》。生物，是这个学科的研究对象。生物学，是自然科学中的一门基础学科，是研究生命现象和生命活动规律的学科。生物学有着与其他自然科学相似的性质，它不仅是一个结论丰富的知识体系，也包括了人类认识自然现象和规律的一些特有的思维方式和探究过程。

你可以通过探究获得证据

什么样的学科注重观察和实验探究呢？是科学学科。科学探究是人们获取科学知识、认识世界的重要途径之一。同学们会在生物学课堂上获得基础的生物学知识，而且能够领悟生物学家在研究过程中所持有的观点以及解决问题的思路和方法。

"实验"是生物学的课程内容里最重要的环节之一。在《义务教育生物学课程标准（2022年版）》中，有"用显微镜观察池塘水中的微小生物""探究影响鼠妇（或蚯蚓等）分布的环境因素"和"验证人体呼出的气体中含有较多的二氧化碳"等几十个学习活动建议。

在本书中，你会跟着科学家的视角，结合一个个引人入胜的问题，体会为我们撰写科普文章的科研工作者们是如何逐步求证、答疑解惑的。通过呈现观察测量的数据，如鼠眼的神经节细胞密度、视野范围的角度等数据，我们就可以知道鼠的视力可能不如我们，但是鼠的视野并不差……甚至，你还会在阅读的过程中进一步产生新的问题：鼠在晚上的视力好吗？鼠的视觉、嗅觉和触觉哪方面更灵敏？

你可以通过推理得出结论

我们在阅读书中的内容时，一定会获得很多有趣的知识。精美的照片显示出长叶茅膏菜能够用叶片的顶端捕食昆虫，生动的文字记录了毛挖耳草的捕虫囊猎取美味的情形。你或许还很难通过"比较"，在野外区分斜果挖耳草和短梗挖耳草……但这不重要，重要的是，你能否"归纳"食虫植物有哪些共同的特征，能否"解释"为什么这些植物需要食虫，能否"分析"自然界是如何造就这些植物的奇特本领的。

食虫植物的生活环境，要么是贫瘠的沙地，要么是岩石……湿润的气候、炎热的海滨或雨林中，植物不会缺乏水分、阳光，也不会缺乏空气，那植物从"昆虫食物"中获得什么营养成分呢？希望同学们能够用心思考，不要满足于通过阅读仅仅知道"是什么"，还能够在"为什么""怎么会"等类型的问题中加以思索。植物的生活需要哪些环境条件呢？绿色植物需要阳光提供能量，需要吸收水和二氧化碳制造有机物。除了这些因素外，植物还需要从土壤里吸收氮、磷、钾等多种矿质营养。你肯定知道，农作物的生长需要"施肥"，无论是有机肥还是复合肥，都可以给农作物补充必要养分以提高产量。

如果能够联想到这些常识，你就会容易理解在相对贫瘠的生长环境，或者对土壤中的营养竞争激烈的丛林中，植物必须"想方设法"获得必需的营养。食虫植物也是可以进行光合作用的，但是只有通过"食虫"补充营养，才能够完成开花结果。这是植物对环境的一种适应本领，是通过长期的自然选择形成的习性。同学们如果能够这样思考问题，你们的收获就不光是"碎片化"的知识，还具备了"结构与功能相适应、生物与环境相适应"的生命观念。这对于你未来更长时间、更多场合，分析和解决其他问题都是非常重要的。

你可以通过跨学科学习来创新实践

学习科学课程的目的，是让同学们尽可能体悟科学研究的过程。期待同学们主动地参与学习过程，在亲历提出问题、获得信息、寻找证据、检验假设、发现规律等的过程中习得生物学知识，养成科学思维习惯，形成积极的科学态度，发展终身学习及创新实践能力。

我们可以从丽灯蛾身上学到"时装秀"，从枯叶蛾那里学会"隐身术"。扇贝为建筑设计师们带来灵感，鱼类生理结构和非凡的游动技能提示工程师研制高效率、高机动性的人造水下航行器。目前，广受关注的人工智能（AI）技术最终发展还是要建立在人们深入解读"大脑"秘密的基础之上。

本书将生物学与别的自然科学联系起来，用科学探究的方法和科学思维的角度去揭开生物界的迷雾，探索生物里的新科技，培养同学们的生物学学科核心素养。在这里，你会因这一篇篇生动的文章而爱上生物学以及其他学科，从而在感兴趣的领域施展本领。同学们要在对自然界的观察中学习，要在解决实际问题的探究活动中体现"做中学""用中学""创中学"！

北京教科院基教研中心副主任

生物学特级教师

乔文军

目录

序

PART 01

生物们的神奇特质

PART 02

人体运作的生物学秘密

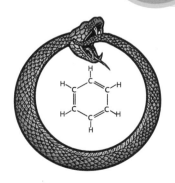

PART 03　探索生物新科技

PART 04　掌握生命的奥妙

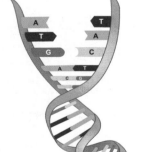

PART 01

生物们的
神奇特质

建筑中的贝类智慧

文图 / 刘 毅[一]

学科知识：

贝类　无脊椎动物　营固着生活　繁殖

贝类是无脊椎动物中较贴近人类生活的类群，与我们的衣、食、住、行密切相关。贝类为了保护柔软的身体和内脏，给自己盖了各式各样的"房子"，人类也从中得到启发，运用贝类的生存智慧创造出样式各异的奇妙建筑。

新加坡掌扇贝

贝壳立外形

给自己造"房子"对于贝类可是一件辛苦活儿，耗时耗力，而且"房子"并非越大、越厚重就越好，而是在有限的材料和能力的前提下打造"薄壳结构"。

其实生物界除了贝壳外，各种蛋壳、龟壳、人类的头盖骨等也都是类似的曲度均匀、质地轻巧、非常耐压的"薄壳结构"，符合一定的力学原理，这种结构带给设计师和建筑师大量的设计灵感。

扇贝可能是贝类里的"最佳建筑灵感输出者"。扇贝的壳不厚但较

　　⊖　作者单位：莆田绿萌滨海湿地研究中心。

坚固，大多呈拱形，具有一定的跨度和容积。这些特点被人类转化为"用料少、跨度大、空间广、坚固耐用"的设计理念并运用在建筑上。

比如大名鼎鼎的世界文化遗产——澳大利亚的悉尼歌剧院，偌大的音乐厅内部没有一根柱子，异常空旷，音响效果极佳。正是扇贝为设计师们带来的灵感，满足了大容量、大跨度、无内柱和剧场音效等需求，使其成为世界著名的表演艺术中心。

从悉尼港远眺，悉尼歌剧院就像一个个张开的贝壳，栩栩如生

辽宁省大连市也有一个外形酷似贝壳的建筑——大连贝壳博物馆。除外形外，建筑物内部螺旋形楼梯也是仿照腹足类螺旋形贝壳的内部结构，令人大开眼界。大型平缓的螺旋形楼梯在其他的大型博物馆里也有，比如著名的梵蒂冈博物馆。

○ 鹦鹉螺标本

○ 大连贝壳博物馆

大连贝壳博物馆的外观酷似鹦鹉螺的外壳

贝壳做建材

明代医药学家李时珍在《本草纲目》中记载："南海人以其蛎房砌墙，烧灰粉墙"。这记录了贝壳作为建材的两种用途，其一是用牡蛎壳砌墙，其二是把牡蛎壳烧成灰后用于粉刷墙。

在福建省泉州市的蟳埔村保留着许多用牡蛎壳砌墙的建筑，当地人称它们为"蚵壳厝"（"厝"是房屋的意思）。蚵壳厝距今已有数百年的历史，据考证，建造蚵壳厝的牡蛎壳并非产自本地。蟳埔村是泉州海上丝绸之路起点的重要港口，从泉州出发的商船，到达非洲东海岸（也有可能是东南亚的越南沿海）卸货后，船员们会在返航前将散落在海边的牡蛎壳收集后装在船上压舱，返回泉州后便堆放在海边。为了解决海边海风咸湿、日晒强、腐蚀性大、建筑材料不足等问题，当地人捡拾牡蛎壳，搅拌海泥来砌墙，无意间创造了极具特色的贝饰古民居。墙体里的牡蛎壳中空，既耐腐蚀又透气，隔音效果好且冬暖夏凉，类似真空保温杯。此外，蚵壳厝墙体十分坚固，素有"千年砖、万年蚵"的美誉，是海洋生物物尽其用的典范。

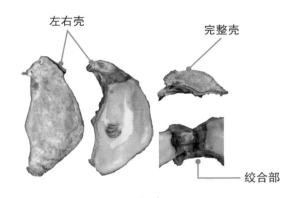

牡蛎壳

在水泥出现之前，石灰曾是当时主要的建筑材料之一。在缺少石灰石的我国沿海地区，贝壳尤其是牡蛎壳煅烧是获取石灰的主要途径，其煅烧后被称为"蛎灰"或"蚵灰"。蛎灰具有很好的胶结性，它作为建材之所以能长久被使用，是因为它有诸多优点：能让墙面平整不龟裂；冬暖夏凉，南风天墙面不结露；天然材料无异味。除此之外，还能除臭、调湿、隔热、隔音。

此外，蛎灰还被运用于一项传统建筑装饰工艺——剪黏。剪黏也称为"剪花"，流行于我国福建南部、广东潮汕、台湾西部，以及越南等地区，它属于一种镶嵌式的浮雕艺术，是庙宇及

闽南寺庙屋檐上的剪瓷（剪黏工艺制作而成）

建筑装饰的重要组成部分。剪黏，顾名思义就是"先剪后黏"，手工艺人将瓷器加工成形状大小不一的瓷片，再用蚝灰等调成的黏合剂，根据需要将瓷片贴雕成人物、动物、花卉或山水等造型，呈现出美丽的剪瓷作品，将其装饰于建筑物的屋檐、墙面等外立面和内部厅堂。这些剪瓷尽管经过长年累月的日晒雨淋和盐碱侵蚀，但依然光彩熠熠。

贝壳巧固基

2021年7月25日，"泉州：宋元中国的世界海洋商贸中心"成为世界遗产，它包括22处代表性古迹遗址。其中就有被誉为古代"四大名桥"之一的洛阳桥（原名万安桥）。

洛阳桥始建于宋朝，是著名的跨海梁式大石桥。当年泉州太守蔡襄在主持洛阳桥造桥工程时，首创了"筏型基础""养蚝固基""浮运架梁"等技术，在世界桥梁史上留下了浓重的一笔，最终使水阔浪急的洛阳江"天堑变通途"。

桥底的牡蛎

洛阳桥的桥基部位养殖了大量的牡蛎

洛阳桥首创的"养蛎固基"技术，其核心材料就是牡蛎。牡蛎是营固着生活的贝类，它们成熟后会分泌一种黏液，将自己牢固地固着于礁石等物体上。这种黏液是黏性极佳的生物胶。为了把桥涵（桥基）和桥墩石胶合凝结成牢固的整体，造桥工匠们在桥下养殖了大量牡蛎，巧妙地利用牡蛎繁殖速度快、分泌的生物胶附着力强的特点，开创了把生物学原理运用于桥梁工程的创举。

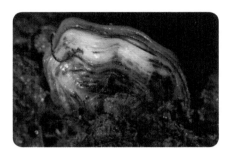

营固着生活的牡蛎

贝壳为明瓦

双壳纲贝类海月，别称"窗贝"，用其做明瓦的历史最早可以追溯到宋代。南宋地方志《宝庆四明志》曾记载："海月，形圆如月，亦谓之海镜，土人鳞次之，以为天窗。"到了明清时期，海月作为窗户的透光材料在江南一带逐渐普及。苏杭一带称之为"蠡壳窗"，岭南一带称之为"蚝壳窗"，不少的诗词典故都可以觅其踪迹，比如清代诗人黄景仁在《夜起》中写道："鱼鳞云断天凝黛，蠡壳窗稀月逗梭。"

海月

当然，由于海月自身结构的局限性，其作为窗户材料仍然有一定的缺陷，尤其在多雨潮湿的江南，需要定期管护和保养。到了民国，由于低廉的、透光性更好的玻璃被广泛使用，海月作为窗户材料才逐渐退出历史舞台。现在，只有在一些苏州园林和岭南古园林建筑（如顺德清晖园）中才能看到古老的"蠡壳窗"或"蚝壳窗"。

顺德清晖园中的蠡壳窗

从寒武纪早期至今，贝类从祖先开始历经了5亿多年，躲过了5次生物大灭绝，成为动物界一个庞大的类群，这充分体现了演化过程中贝类的生存智慧。人们对贝类资源的利用不仅使贝类物尽其用，还在历史的长河中照亮人类文明的进程，为世界增添一笔别样的美。

鼠：寸光也有大视野

撰文 / 王大伟

学科知识：

哺乳动物　动物脂肪　神经节细胞　视网膜

从我国耳熟能详的儿歌"小老鼠，上灯台，偷油吃，下不来"到外国人口中"爱动人家奶酪"的老鼠，从獐头鼠目、鼠目寸光到抱头鼠窜，老鼠在人们心中的印象都是猥琐的、阴暗的、遭人嫌弃的，它们似乎成了贬义词的形象代表。那现实生活中，老鼠的"形象"究竟是怎样的？鼠目真的只有"寸光"吗？

老鼠很"挑食"

我们常说的"老鼠"其实是指"长得像鼠类"的哺乳动物。然而，严格来说，科学意义上的"鼠类"包括"啮齿目"和"兔形目"等小型兽类，它们爱吃的食物不太相同：田鼠类爱吃植物，仓鼠类爱吃种

子，而家鼠类荤素不挑。由于常见的老鼠体形都相对较小，散热快、能量需求高，所以它们需要不停地吃东西才能活下去。因此，老鼠在活动时，不是在吃东西，就是在寻找食物的路上！

老鼠需要不停地吃东西

而家中常见的"老鼠"一般指家鼠类，褐家鼠、黑家鼠、黄胸鼠和小家鼠等都是其成员，它们是厨房和仓库中的常客。面对各种美味的食物，老鼠也是要挑挑拣拣的。科学家们发现，老鼠最爱吃的是坚果类、高糖类和肉类等热量较高的食物，而我国古代的灯油多用高热量的动物脂肪制成，如猪油、牛油等，那么老鼠爱吃灯油的原因就找到了。

它们爱不爱吃奶酪？答案是否定的！实际上，它们甚至还会刻意回避味道大的奶酪。这是因为奶酪热量较坚果类低，比瘦肉略高，对热量需求高的老鼠自然不爱吃。那么，"老鼠爱吃奶酪"的流言是怎么回事？有人分析，老鼠虽然不喜欢奶酪，但是偶尔也会吃几口。柔软

家鼠

的奶酪上很容易留下老鼠的牙印，从而被人们发现它们的到访；另外，有些奶酪发酵形成的孔洞较大，小老鼠们可能会钻进去，这些都可能给人们留下"老鼠爱吃奶酪"的错误印象。再加上各种影视作品不断地"推波助

澜"，将老鼠和奶酪组合、放大，最终在人们脑海中留下了"老鼠爱吃奶酪"的印象。

鼠目只能见"寸光"吗

成语"鼠目寸光"用来形容人目光短浅、缺乏远见。那老鼠真的只能看到几寸范围内的物体吗？

还真是。科学家发现，老鼠的视力的确很差，大约只有人类视力的1/30。假如一个视力正常的人，在5米外能看清楚一个1元钱的硬币，那么老鼠最远只能站在离硬币约17厘米处才能看清楚，这个距离大约相当于5寸（1寸=3.3333厘米）。因此，"鼠目寸光"更准确的说法应该是"鼠目五寸光"。当然，这个成语中的"寸"是概数，而并非实指。然而，老鼠的视力为什么会这么差呢？如果把眼睛看成一个"大摄像头"，它里面有许许多多个"小摄像头"。这些小摄像头被称为"神经节细胞"，位于"视网膜"上。人类眼睛中"小摄像头"的密度

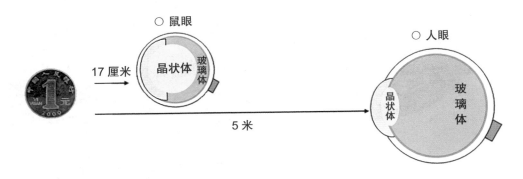

鼠眼和人眼结构和视力对比（供图／王大伟）

大约是老鼠的 5 倍。因此，老鼠的视力自然比人类要差很多。此外，老鼠眼中"看到"的颜色也没有人眼"看到"的丰富。

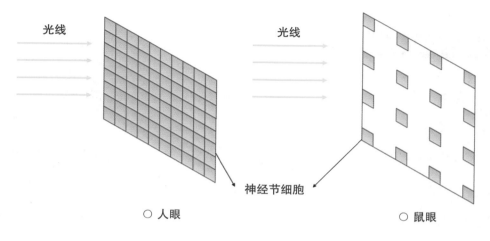

人眼和鼠眼的神经节细胞密度对比图（供图／王大伟）

人眼中的花朵（左）和鼠眼中
的花朵（右）（供图／王大伟）

给老鼠配副眼镜如何？这就有点儿不靠谱了。因为鼠眼对光线变化的敏感度很低，所以即使给它们配上一副眼镜，它们看东西也没有太大变化。

虽然老鼠视力极差，但是它们却有大视野（视角）。老鼠的眼睛位于头部两侧，虽然"双眼视野"（重合视区）较小，看东西定位不准，但视野（水平视角）范围远大于人眼，这就意味着鼠类能更早地发现捕食者，从而提前逃跑。

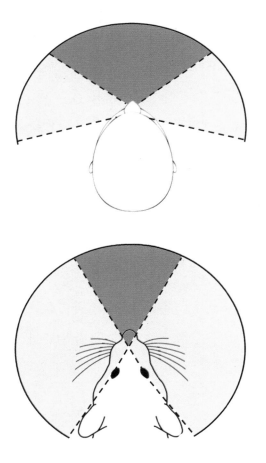

鼠眼视野范围（整个阴影区域）远大于人眼（供图／王大伟）

🍬 知识链接

为什么有些人会戴眼镜?

我们都有这样的经验:如果把笔放在盛水的杯子里,那么笔看起来"弯了"。这是光线从空气射入水中时,光线的传播方向发生了变化,产生了折射现象。同理,眼睛的晶状体是调节光线汇聚焦点的主要器官。如果眼睛正常,当晶状体将物体发出的光线正好汇聚到视网膜上时,人眼就可以看到清晰的物体。但是,如果眼睛出了问题,光线不能正好汇聚到视网膜上,那么人眼也就看不清楚物体了,这就需要戴合适的眼镜来矫正视力。

放入水中的笔,因折射现象
而看起来弯曲

从儿歌到成语,形容鼠类没什么好词,但其中的确蕴含着一些科学道理,这些道理不是因为嫌弃它们而编造出来的,而是有依据的。可见,科学无处不在,只要你有一双善于发现的眼睛。

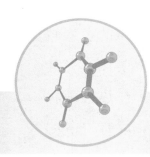

看蛾 "72变"

文图/陈 尽

学科知识:

鳞翅目 成虫 传粉 完全变态 基因

蝴蝶飞飞，彩衣飘飘，在我们的印象中，蝴蝶应是昆虫界美丽的彩衣仙子了，它们步履轻盈、摇曳多姿，是昆虫界名副其实的"选美皇后"。与之相对的，人们一提起飞蛾，脑海里浮现的总是那灰头土脸、呆板无趣的形象。

其实，你小看它们了！飞蛾堪称昆虫界的百变"飞机"，它们可呆亦可仙、可明媚也可低调，不仅翅膀的颜色五花八门，造型也能让你脑洞大开。那么，就让我们一起来看蛾类给我们上演的"72般变化"吧！

透翅蛾，色彩鲜艳，体形小，翅狭长，通常有无鳞片的透明区，停息时翅通常不合拢，腹部末端有一特殊的扇状鳞簇，常白天活动

千姿百态的蛾

蛾类与蝶类共同组成了"鳞翅目"，蛾类，是鳞翅目昆虫中最大的类群。由于它们常在黑夜中活动，喜在灯下飞舞，所以也被人们俗

称"飞蛾"。它们虽与蝴蝶是近亲，但在多数人眼里，飞蛾的色彩较为暗淡，毫不起眼。其实，现实中完全不是这样，在自然界中，尤其在远离城市的森林中，蛾类在多样性方面远胜于蝴蝶。在热带雨林中，某些蛾类的美丽程度甚至超过了蝴蝶，比如天蚕蛾，就有"angel moth（天使蛾）"的美誉。

从低海拔的海滨小镇，到高海拔的冰川雪原，人们都能发现不同种类的蛾。蛾的栖息地极具多样化，全世界已知的蛾类有十几万种，仅我国已知的就有约 7000 种。

蛾的成虫，体形从小至大都有。这些成虫的身体一般细短脆弱，头部复眼发达——膨大呈圆球状；触角细且形态多样，多数为丝线状或栉状；口器为"虹吸式"，形状似细长的吸管，不用时，会卷起藏于头部下方。蛾的成虫胸部具有两对宽大但薄如片状的翅，其身体和翅均有鳞片（翅上可能有无鳞片的透明区）。这些鳞片色彩各异，尤其翅上的鳞片有的排列成眼斑状，以对鸟类、蜥蜴等天敌造成恐吓作用。蛾的成虫足细长，攀爬能力较弱。它们常于暗夜中活动以确保安全，仅有少数种类白天活动，于花丛中飞舞取食花蜜，部分种类也为植物传粉贡献力量。

天蚕蛾体大而美丽，触角宽大呈羽状，翅面亦宽大，常具有不同形状的眼形或月牙形鳞纹，有的种类的后翅具有像凤尾一般的尾突。此图为长尾天蚕蛾

蛾的幼虫为躲避天敌（包括人类），进化出多种拟态，有的体形像木棍，有的具有保护色或警戒色，图中的夜蛾幼虫具有眼状斑

　　蛾的幼虫与成虫长相几乎无相似之处，这是昆虫完全变态的现象。而其幼虫，就是我们俗称的"毛毛虫"，许多读者朋友肯定一想起这种肉乎乎的蠕虫就头皮发麻。它们大多数胸部具 3 对细小的足，腹部另有 5 对带钩的伪足，攀爬力强，甚至在垂直光滑的玻璃表面，也可以往来自如。由于毛毛虫的体表具刺或毛簇，以及部分蛾类（如刺蛾、毒蛾等）的幼虫还能引起人类皮肤过敏，这才使得人们对其产生了心理阴影。

　　蛾的幼虫多数为植食性，它们在树木上过着"饿了就吃，吃饱就睡"的日子。当临近化蛹时，其体形会显得日益臃肿，比刚孵化时大很多。而到了化蛹的时刻，它们会一点点脱去"外衣"，肉乎乎的身体不断扭动，直至将毛虫形外壳抛弃，展露出一个纺锤形的硬壳，即

"蛹"。部分蛾类的蛹被包裹于自己吐出的丝质茧内，它们一周左右就会破蛹而出，羽化为成虫。

蛾的趋光性与灯诱

虽说昆虫在陆地上无处不在，但体形小巧的它们，也懂得如何藏身！特定的昆虫类群往往会出现于特定的环境中，如蝴蝶喜在花丛中吸吮花蜜，蜻蜓常于水边追逐嬉戏。白天，我们只要在这样的环境中静静等待，就不难发现它们的身影。但对于许多夜行性的昆虫，特别是蛾类来说，白昼等不到它们。不过，只要准备一个手电筒或是一盏耀眼的灯，你便会发现一个暗夜精灵的世界。

锦斑蛾

许多昆虫如甲虫、蛾类、草蛉等，对黑暗中的亮光非常敏感，会不顾危险地飞向亮光处，即所谓"趋光性"。古语"飞蛾扑火"，说的就是这个道理。根据这一习性，我们可以设计出一个吸引昆虫的灯诱装置，让昆虫不请自来。

事先，我们得准备一块白布（如长 1.5 米、宽 1 米），一盏带有灯头及电线插头连接的高压汞灯（125 瓦或 250 瓦），一个长的接线板，一捆塑料线绳和数个塑料袋。若条件允许，还可自备 3 根长竹竿，若没有，在野外寻找树木等捆绑支点也行。

在暗夜降临前，我们首先需要布置接线板，将其连接室内电源并伸达林中空地。选好位置后，于空地中竖立 2 根竹竿，其间距约 2 米，在竿头间拉上一根结实的线绳并将白布挂于其上，接着，再将白布的 4 个边脚用线绳分别绑于竿头和竿底，固定好后，使布面平整即可。

然后，我们在白布朝向茂密植物一侧的中间位置，再竖立一根竹竿，相距白布约 2 米。在这根竹竿上端和挂白布的绳子中间，再拉一根绳子，使 3 根竹竿间的绳子呈"T"字形。最后，便可在新挂的绳上挂上高压汞灯了。挂灯时，应距离白布 0.3~0.5 米，并将连接灯的电线来回旋转缠绕在绳上和第三根竹竿上。连接好接线板后，用塑料袋包好接线板，以防止昆虫或潮气水滴进入引起接触不良。最后，我们按下接线板开关通电，灯亮后便离开，过一小时左右，再前往观察。

在等待期间，我们可以手持一把强光手电进行夜巡。你会发现，在夜间活动的昆虫种类与数量一般是白天的数倍。这时候，倘若你听见虫鸣，可顺着鸣声的来向走去，当感到耳旁的声音忽大忽小时，就说明离鸣虫已十分接近了。此刻，只需用手电扫射周围灌木。若鸣声突然停止，说明它已被灯光照到，而手电照射的方位，正是它的所在处或是近旁。这时，可以记住位置，关闭手电，待其再次鸣叫时，再打开手电弱光照亮该位置。冷不丁，一只绿色的大螽斯可能就出现在你眼前了。

需要注意的是，做这个观察实验时，读者朋友千万要保证用电安全，孩子需在大人的陪同下尝试。

夏夜，蛾的"时装秀"正在上演

夏天深夜，若你挨着池塘或在溪流边的灌木旁行走，常常会有惊喜发生。

○天蛾

○王氏樗蚕（大蚕蛾科）

○长角蛾

○丽灯蛾（属）

夏天常见的"暗夜精灵"

近水边的湿润土地上，好似一个车水马龙的集市！步甲来回穿梭，螽蟖左顾右盼，一只体形健壮的蝽正不紧不慢地梳理自己的触角，如同在茶馆里喝茶的老人一样悠闲。而几只苍蝇整齐地站立在低矮草本植物的叶片上，像在排队登记等候入住的旅客。

枯叶蛾

还有一只小象甲迅速从地面爬上树干，并沿着小枝条行走，似乎刚从集市买了礼物，准备去参加朋友家的聚会。

夜巡结束，返回灯诱地，这里，则更像一场盛大的昆虫盛会。只见白布上挂满了各种形色迥异的蛾子，有大如手掌的天蚕蛾，也有小巧玲珑的璃尺蛾，鬼脸天蛾的胸部背面的彩色斑纹组成狰狞的"猴

翼蛾（科），稀有，翅膀分片明显，展开似孔雀开屏

面"，而丽灯蛾则犹如身披华服，高贵而优雅。各种蛾子仿佛正上演一场争奇斗艳的"时装秀"。当然，它们的形态也各具特色，常有一些形似战斗机的天蛾加速飞行，朝光亮的白布撞去，而在灯旁的灌木上，可能落着一片枯叶，用手轻碰，它却忽地飞起，朝灯扑去。原来，它是枯叶蛾。

有时，你的脚边还会飞来鳃金龟、锹甲、天牛等甲虫，令整个会场热闹非凡。这样的景象，可持续至翌日凌晨三四点钟。

待天明时分，你可接着去灯下的灌木丛中慢慢寻觅。这些蛾累了一夜，此时，它们都安静地趴在叶片或树枝上休息呢！正巧可以给它们拍摄各种"证件照"和"艺术照"。这非同寻常的、盛宴般的昆虫世界，正是我们昆虫爱好者的乐土！

豹天蚕蛾

欣赏了如此多的蛾类，你是不是对蛾的多样性产生了诸多惊叹和疑问？**这些多样的外形和丰富的色彩，归根结底都是由于蛾类基因的复杂多变及受自然选择的影响而进化出来的。**蛾类为了适应不同的环境，衍生出如此非凡的多样性，并融入了这个令人叹为观止的自然界，装点着我们美丽的地球。

食虫植物的生存游戏

文图/吴 双

学科知识：

食虫植物　变异　消化　茎　假根　叶器

　　一般来说，扎根于泥土的植物是弱势的一方，常被动物摄食。不过，植物与动物的关系也并非一成不变。拥有亮丽的外表和炫酷捕猎技能的食虫植物就将捕食与被捕食的角色互换，不断上演"小人物逆袭"的戏码，这也是许多人对食虫植物感兴趣的原因。食虫植物是植物界中的一个特殊类群，通常生长在土壤贫瘠、潮湿的环境中。它们利用进化出来的变异器官捕捉昆虫，进行消化、吸收，补充自身生长所需的养分。但是在日常生活中，我们很难注意到这些体形较小的食虫植物。

食虫植物——锦地罗群落

茅膏菜科食虫植物

在广西防城港市的江山半岛，沿着北部湾的海岸线有许多沙质草地，由于靠近海边，这些草地的土壤比较贫瘠，只有一些杂草能够生长。但就在这片杂草丛中，居然分布了6种食虫植物。我国有3个科的食虫植物，分别是猪笼草科、茅膏菜科和狸藻科，防城港海边草地的食虫植物属于后面两个科。

长叶茅膏菜

防城港市江山半岛的白浪滩景区有一种像章鱼一样向周围伸出毛茸茸"触角"的小草，它叫长叶茅膏菜。这些"触角"其实是它变异的叶子，上面长满了红色或白色的腺毛，每根腺毛的顶端，都有一颗亮晶晶的"水珠"。这些"水珠"很神奇，它既是黏液又含消化酶。当

广西防城港市的滨海湿地

蚊子、苍蝇、蜡蝉等小昆虫碰到它时，就会被粘住。若虫子挣扎，则会触及更多的腺毛，因而会被粘得更紧。长叶茅膏菜叶子的顶端还会卷曲，可以把猎物牢牢缠住。如果挣脱不了黏液的纠缠，虫子就会在黏液中的消化酶作用下慢慢死去。随后，它们几丁质外壳里面的易溶物质会被植物消化吸收，几天后，仅剩下一个空壳。

长叶茅膏菜开花时，5枚花瓣通常是白色的，有时候也会开出淡紫色的花。它的花期很长，在我国温暖的华南地区，它一年四季都可以开花。

正在绞杀苍蝇的长叶茅膏菜

锦地罗

有一年秋天，北京的自然摄影师天冬和老唐到广西拍摄食虫植物，我和植物爱好者张超带着他们来到防城港市的这片滨海草地寻找长叶茅膏菜。我们在草地里寻寻觅觅，还没看到长叶茅膏菜，却先发现了另一种食虫植物——锦地罗。

锦地罗也属茅膏菜科，它的叶子聚生于基部，莲座状排列，叶子的边缘呈红色，整个植株就像落在地面上的一朵重瓣桃花。它的叶面上布满红色的腺毛，当小昆虫被这像花朵一样美丽的陷阱吸引过来并落在它上面时，就会被腺毛顶端的黏液粘住。这时候，锦地罗的叶子会慢慢卷起来，把小昆虫包裹得严严实实，直到吸干它躯壳内的养分，才重新张开。

锦地罗的花序梗从叶子的莲座中间长出来，亭亭玉立地开花、结果。想看到它开花，必须把握好时机，因为只有每天上午的 8:00—10:00 才是它开花的时间，错过了就要等到第二天。

捕食蚂蚁的锦地罗

茅膏菜科植物都是利用叶子腺毛上晶莹剔透的黏液来捕捉昆虫的。偶尔一些体形稍大的昆虫，比如鹿蛾、小蝴蝶等，可以从长叶茅膏菜的"魔爪"中逃脱。有时一些苍蝇、蚂蚁虽然已经被团团包裹起来了，但它们伸出来的足肢还在挣扎，可见茅膏菜科植物"捕食"昆虫是一个较为缓慢的过程。

狸藻科食虫植物

狸藻科植物的茎和分枝变态成根状茎、匍匐枝、叶器和假根，它没有真正的叶子，取而代之的是叶器。如果不是在花期，我们很难发现它们，等到了开花的季节，它们就会长出如牙签般大小的花序梗，花序梗上有多个花蕾，依次开放。它们的花冠都是二唇形，形态有点像小鸭子的头，下面有一个圆锥状或钻形的花距。

挖耳草

挖耳草的得名，或许是因为它开花时的形态像极了人们掏耳朵时用的小挖耳勺。它的花冠呈黄色，上唇是狭长的圆形，下唇近圆形，喉凸隆起呈浅囊状，花距为钻形。花序梗上有苞片，基部着生；花梗在花期直立，结果时则会下弯。

挖耳草

短梗挖耳草

短梗挖耳草

短梗挖耳草的花色在不同地点有所不同，包括紫色、蓝色、粉红色或白色，花冠喉部常有黄斑；上唇是长圆形，下唇较大，近圆形，顶端微凹，喉凸隆起；花距呈狭圆锥状，伸直或弯曲，通常长于下唇并与其平行。花序梗上的苞片是中部着生的。

斜果挖耳草

斜果挖耳草的花冠呈淡紫色或白色，上唇为狭长的圆形，明显长于上方萼片，下唇较大，顶端有 3 个浅圆齿，喉凸隆起；花距为钻形，伸直，明显要长于下唇；花序梗上的苞片是基部着生；蒴果斜长，圆状似卵球形。

毛挖耳草

后来，张超还多次来到这块海边草地考察食虫植物，又发现了一种浑身长毛的挖耳草，它的花序梗、花萼、花冠都长有细细的柔毛；花冠紫色，上唇长圆形，下唇近圆形，喉部有囊状隆起，花距为钻形，比下唇长；花序梗上的苞片是基部着生的。

毛挖耳草

我们查遍《中国植物志》和地方植物志，都没有找到它的资料。于是张超把标本寄到北京，由天冬送给中国科学院植物研究所的专家鉴定，最终确认它是毛挖耳草，并将其收录在 *Flora of China* [⊖] 第 19 卷里，这是我们发现的一个中国植物新记录种。

这些狸藻科植物的捕虫工具是捕虫囊，它长在叶器、匍匐枝和假根上，大小不到 1 毫米，形态宛如一个侧扁的小球，上面有一个囊口，地表浅层的小动物如果钻进了捕虫囊，就会被囊口上的一些附属物阻挡住不能出来，最后慢慢被捕虫囊消化吸收掉。由于狸藻科植物的捕虫囊极其微小，所以它们捕捉到的小动物靠肉眼难以看到。

捕虫囊

⊖ *Flora of China* 这套书是中美合作的重大项目，由中国科学院昆明植物研究所吴征镒院士和美国密苏里植物园皮特·雷文（Peter Raven）院士联合任编委会主席。该书并非《中国植物志》简单的英文翻译，而是由中外专家联手进行增补和修订，并最终以英文形式定稿出版。

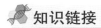 知识链接

在野外见到狸藻科的食虫植物时，怎样鉴定它是哪一个物种呢？

首先用放大镜观察该植物花序梗上的苞片，看它与花序梗的连接位置是基部还是中部；其次用放大镜观察该植物长在地表的捕虫囊，看看它的开口位置对于囊柄是基生、侧生还是对生；最后再根据花和果实、种子的某些解剖特征来做出判断。

我们辨别植物千万不要只看花的颜色，因为生长的环境不同，花的颜色会不一样。掌握了这些分类特征后，再对照《中国植物志》中狸藻科的检索表，就可以鉴定它是哪一个物种了。

斜果挖耳草苞片，基部着生

短梗挖耳草的苞片，中部着生，两端游离

知识链接

挖耳草的近亲——狸藻

除了某些滨海草地，有些挖耳草（不同种类的挖耳草）还生长在潮湿的山坡、岩石上。它们的叶器有的呈狭线形，有的呈圆形，通常长在地表上。

分布于北方的狸藻

狸藻科的食虫植物还有一类生长在水中的近亲，比如我国北方常见的狸藻，南方常见的黄花狸藻。它们都生长在水流比较平静的池塘、水洼里，匍匐枝、叶器和捕虫囊通常漂浮在水中，而不会扎根在水底的泥土里。它们的叶器分枝呈羽状深裂，捕虫囊长在毛发般的叶器裂片上，捕捉水中的浮游小动物。到了花期，它们会在水面上挺立起花序梗，开出黄色的小花。

狸藻在全世界大多数地区都广泛分布，也是离我们生活很近的食虫植物。不过，只可惜它们的个体通常很小，在水中的捕食过程往往在零点几秒之内结束。若将这一过程放慢速度细看，我们就会看到它们的捕虫囊极为精彩的捕食本领。吸入式捕虫囊，是狸藻的特殊捕虫工具。狸藻类植物通常体形不大，能够在水里形成长1~3毫米的微型囊状真空腔室。当食物触碰到"特定开关"时，它们就会瞬间被气压吸至腔室内，被狸藻慢慢吸收。通常情况下，植物学家们习惯以生长环境来命名狸藻科植物，把生长在陆地或沼泽中的称为"××挖耳草"，而完全漂浮在水中生长的称为"××狸藻"，由此狸藻科的家族就能区分开来了。

有趣的是，科学家对狸藻进行无菌培养试验时发现，它们只有在消化昆虫取得养料后，才能开花结实。由此可见，食虫已成为狸藻生活中不可缺少的一环了。

黄花狸藻

看完本文的介绍，你是不是对那些食虫植物有了进一步的了解呢？大家去湿地公园时，不妨尝试用自己的双眼去寻找它们，数一数身边可见的食虫植物，相信定会乐趣无穷。

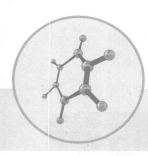

新疆郁金香：高寒荒漠上的金色春光

撰文 / 宋慧佳

学科知识：

多花 单花 雄蕊 鳞茎 营养繁殖

你可能知道荷兰被称为"郁金香之国"，却未必知道我国新疆也有着丰富的野生郁金香资源，也许对新疆郁金香更是感到陌生。野生新疆郁金香生长在广袤的荒漠以及退化的草地上，在早春时节惊鸿一现。新疆郁金香为何会被列入《世界自然保护联盟红色名录》？它有何特别之处呢？让我们一起来了解这荒漠中的"金色春光"。

郁金香（绘图 / 陈 禾）

独特的多花郁金香

提起郁金香，你可能会想到花店里高贵典雅、色彩斑斓的杯状花朵，殊不知那些大部分是杂交后的栽培种。而野生郁金香实际上生长在干旱寒冷的荒漠和退化的草地上，花形也多种多样。从喜马拉雅山脉到帕米尔高原，再到天山山脉地区，这些都是野生郁金香的分布区。野生郁金香大多数植株高度在 10 ~ 15 厘米，比栽培种矮小。

新疆郁金香是百合科郁金香属植物，是野生郁金香家族中的一员，主要分布在准噶尔盆地南部、新疆乌鲁木齐市至奎屯市一带海拔1000 ～ 1300 米的石质低山阳坡及山前平原荒漠。新疆郁金香耐旱、耐寒，是天山北麓形成的特有品种。每年四五月份，新疆郁金香明艳的黄色花朵便次第绽放，装点着生机盎然的春天。

　　新疆郁金香有两个显著的形态特征，最显著的要属一株多花。通常郁金香一枝茎的顶端只会开一朵花，而新疆郁金香则是单花至多花，至多可达 10 余朵，是郁金香属中为数不多的多花型种类。花有浓郁的蜜香味，花瓣通常为黄色，6 枚雄蕊等长，花丝中部膨大，向上变为细针状，这样的形态可谓别具特色。新疆郁金香的另一个显著特征是弯曲褶皱的叶片，3 枚（一般为 3 枚）灰绿色叶片常紧靠着生长，边缘呈褶皱波状，最下部的叶片宽大，呈长披针形或长卵形，茎上部的叶呈条形至窄长披针形，前端常卷曲或弯曲。

野生郁金香

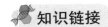

奇特的鳞茎结构

　　郁金香的生物学组成除了植物常见的茎、叶、花之外，还有奇特的圆锥形鳞茎——地下茎的末端肥大成球状，直径约2～3厘米，外有淡黄至棕褐色皮膜，内有肉质鳞片。我们日常生活中食用的大蒜、洋葱、荸荠都有鳞茎结构。鳞茎不仅能贮藏养分，还是营养繁殖（植物繁殖方式的一种，不同于有性繁殖，是利用营养器官如根、叶、茎等繁殖后代）的基础结构。

　　进行营养繁殖时，鳞茎在冬天休眠期间生根，萌发新芽但不出土，之后需要经过一个低温冷藏阶段打破休眠，直至温度达5℃以上才能生长开花。当年栽植的鳞茎母球经过一季生长后，在其周围同时又能分生出1～2个大鳞茎和3～5个小鳞茎。大鳞茎栽植后当年可开花，小鳞茎培养1～2年方可开花。

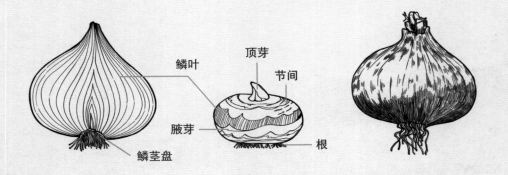

鳞茎结构，从左至右分别为洋葱、荸荠、大蒜（绘图／飞　飞）

新疆郁金香还具有郁金香属共同的特征，同属多年生，地下有淡黄或棕褐色鳞茎，上端抱茎，茎通常单生，偶尔分枝，花朵顶生，花期4～5月，果期5～6月。郁金香属于早春短命植物，在春末夏初迅速完成开花结果后，地上部分便枯萎了，而地下仅留下一个更新鳞茎（鳞茎为地下变态茎的一种）和细根在冬天蛰伏，等待来年春天的到来。

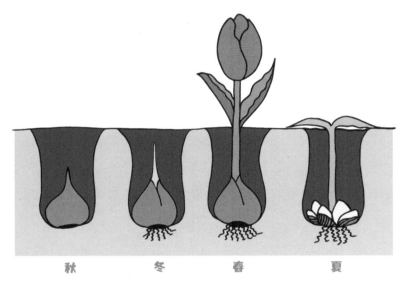

秋　　　冬　　　春　　　夏

郁金香属植物一年四季生长周期示意图

"老鸹蒜"何以获新生

　　野生郁金香在新疆当地的俗称为"老鸹蒜"。新疆的野生郁金香共有13种，因略带甜味，加之部分人对野生植物营养价值的盲目追捧，使其不幸成为"野菜一族"大肆挖掘、采食的对象。有些食客甚

至将新疆郁金香连根拔起，挖走球茎，最终在戈壁荒漠上留下一个个深深浅浅的坑。

要知道，新疆郁金香从一粒种子到盛开的花朵至少需要 4～5 年的时间。蛰伏数年绽放的生命之花，被连根拔起却仅需一瞬。自然环境的破坏和漫长而低效的繁殖周期，导致新疆郁金香的数量难以维持。在《世界自然保护联盟红色名录》中，新疆郁金香已被列为濒危植物。

如果你在野外有幸见到新疆郁金香的身影，请手下留情，让这顽强又脆弱的生命"安居"在属于它的土壤里，静候每年春天的绽放时刻。让我们一起守护荒漠里的那一抹明黄，希望在不久的将来，能看到越来越多黄灿灿的新疆郁金香在广袤的荒漠中怒放。

PART 02

人体运作的生物学秘密

当我们睡觉时，大脑在做什么

撰文 / 谢世泽

学科知识：

脑电波　神经胶质细胞　组织　突触　神经元

　　睡眠让动物的活动有了规律性。在捕食者睡眠时，被捕食者可以趁机寻找食物，避开捕食者的攻击。但是，对于已经没有了被捕食危险、可以根据身体需要随时躺下呼呼大睡的人类来说，睡眠有什么特殊的意义？我们睡着的时候大脑也在休息吗？我们在做梦的时候大脑有哪些活动呢？

我们睡着时，大脑并未完全休息

原来大脑"不睡觉"

过去，科学家们普遍认为睡眠时，人的全身处于一种恒定不变的状态，只有很少的身体活动和大脑活动。直到20世纪中期，研究者记录了睡眠中人的脑电波变化，才发现睡眠是由不同的阶段组成的。

在晚上的睡眠过程中，你可以多次进入一个被称为"快速眼动睡眠"的状态，在这个阶段，你的脑电波看起来和醒着的时候相似，但你的身体却几乎是静止的，只有眼动肌会动。这时，你会做一些生动而详细的梦。这个阶段被形象地描述为：一个瘫痪的躯体里有一个活跃的脑。

相应的，其余的睡眠时间你则处于一种叫作"非快速眼动睡眠"的状态。这个阶段一般不会产生复杂的梦，但你的身体是可以活动的。这个阶段可以被描述为：一个可以活动的躯体里有一个空闲的脑。

大脑中的"清道夫"

人类在清醒时大脑产生的代谢废物，如果不被及时清理掉，就会堆积起来对大脑造成损伤。那么，这些代谢废物是怎么通过睡眠被清理掉的呢？

科学家采用双光子显微镜等新技术工具，发现了这个"清道夫"的庐山真面目——神经胶质细胞。在睡眠过程中，神经胶质细胞调控大脑中的组织间隙，使其增加大概60%的空间。更大的组织间隙就像

更大的排水管道，使得大脑中的代谢物可以被高效地清理掉。研究人员发现，在睡眠状态下，清除废物的速度比清醒时快很多，这也证明了睡眠对大脑的修复作用。

神经胶质细胞结构图（摄影／曹克磊）

梦中真的可以"解题"吗

俗话说："解决一个问题最好的方法就是睡一觉"。历史上有很多传奇故事似乎证明了这句话。比如著名德国化学家凯库勒梦到一条蛇咬住了自己的尾巴，形成旋转的环状，于是他想通了苯分子的环状结构。又比如俄国科学家门捷列夫做梦时梦到元素纷纷落到了一张表格的合适位置里，于是他制作出了著名的元素周期表。那么，梦中真的可以"解题"吗？

从研究者目前积累的大量资料来看，睡眠确实有助于学习和记忆的巩固。学习过程中，大脑中可以形成很多新的突触（突触是神经元之间在功能上发生联系的部位，也是信息传递的关键部位），但是太多的突触会占用大脑大量的容量，我们并不能无限地往大脑里塞东西。

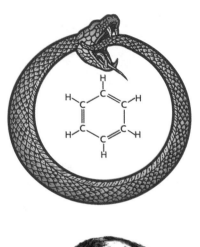

据说，凯库勒梦到一条咬住自己尾巴的蛇，从而想通了苯分子的环状结构

研究者发现，在睡眠过程中，一部分连接强度弱的突触会被选择性地消除，同时，一小部分比较重要的突触可以通过巧妙的办法加强和保存下来。

这些发现从很基础的层面解释了睡眠对学习和记忆巩固方面确实存在一定作用。当然，睡眠不是万能的灵药，白天的努力工作和学习也是必需的。

做梦时，大脑可能在复习吗

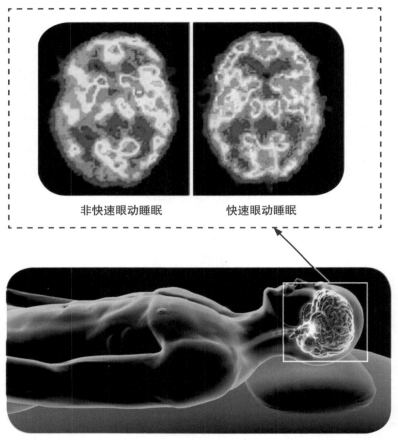

非快速眼动睡眠　　　　快速眼动睡眠

研究表明，在睡眠中快速眼动阶段的大脑更活跃
（虚线框中，红色是活跃的脑区，蓝色是不活跃的脑区）

研究人员做了一个有趣的实验：他们让大鼠沿着环形的轨道单方向反复跑动来获得食物奖励，然后记录下大鼠大脑中存储空间记忆的海马体里位置细胞的活动。位置细胞是只对特定的空间位置信息产生响应的细胞，比如一小群对应左上角位置，一小群对应中央位置。然

后研究人员就可以记录下大鼠在轨道里跑动时其海马体位置细胞的激活模式。

有意思的是，当大鼠睡着了，进入快速眼动睡眠阶段之后，海马体竟然产生了（与训练时）相同的位置细胞激活模式。就像大鼠的大脑正在回放训练中的经历一样。我们可以合理猜测，在人类睡眠中，也可能会重现白天的任务，这种重现也许可以达到巩固学习内容（复习）的效果。

若夜已深，就赶紧躺到床上去吧。睡梦中，你将会体验一个又一个荒诞、不合逻辑的故事。或许在梦里，你可以想象出某些超乎于你清醒时对自然界感知的结构和情境。

大脑神经有"古诗模式"吗

撰文／熊一蓉

学科知识：

听觉区域　神经活动

　　文学家鲁迅在介绍三味书屋中的教书先生时，详细描写过先生摇头晃脑念古诗的沉醉模样。如今，我们能看到很多小朋友在朗读古诗时，依然会随着诗词的韵律和节奏摇摇摆摆。甚至有不少歌手看上了这种独特的节奏感，把朗朗上口的古诗写进了歌词里。为什么古诗能这么有节奏感？当人们听诗、读诗时，大脑又会有什么反应呢？是大脑的哪根神经让人们把古诗词背"串"了，出现如"长亭外，古道边，一行白鹭上青天"的混搭现象呢？

诗词的韵律和节奏感可以让人不自觉地摇摆

150 首人工智能新古诗

认知神经科学家很好奇人们在听到古诗时，大脑是如何感知诗词的韵律的。为此，德国的马克斯·普朗克经验美学研究所和马克斯·普朗克心理语言学研究所、我国上海纽约大学和华东师范大学研究团队，通过将人工智能和神经生理学相结合，观察人们在听古诗的过程中大脑的反应。

如果让人们听耳熟能详的古诗，从而测试大脑呈现出来的反应，难免会令人疑惑：这是人们自己的记忆，还是"听"出来的呢？于是，科学家们决定请人工智能（AI）来帮忙创作新的古诗。他们将不同朝代的约 1.8 万首古诗作为"学习"资料，让 AI 对这些信息进行加工处理，学习并分析其中的结构，从而学会创作古诗。这样，研究者只需要给出一个事先想好的题目或者主题，AI 就可以根据这个主题生成一句又一句的诗句，进而创作出"以假乱真"的新古诗。最终，研究者们得到了 150 首 AI 创作的新古诗。

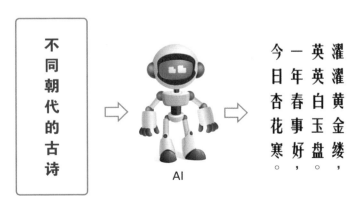

AI 学习了不同朝代的古诗，经过信息分析处理，
从而产生了创作古诗的能力（绘图／熊一蓉）

听到古诗时，大脑在想什么

为了增加真实感，研究者将 150 首 AI 创作的"假"古诗与 30 首冷门"真"古诗混在一起。在被试者听古诗的同时，研究者利用脑磁图（MEG）全程监测被试者听觉区域的脑部活动。

研究者发现，无论是听"真"古诗还是 AI 创作的"假"古诗，被试者脑中都会出现 3 种较强的脑电波信号。而这 3 种脑电波信号，正好分别对应了每个字、每一句和每首诗。

下图中红线代表的脑电波频率最快，保持着每字一拍的节奏；蓝线代表的脑电波频率适中，保持着每句一拍的节奏；绿线代表的脑电波相对较慢，每首诗只有一拍。

虽然这些由 AI 创作的新古诗可能没有真正的古诗那样的意境，但由于我们对古诗的丰富经验，当我们听到这些古诗时，大脑就自动进入"古诗模式"了。

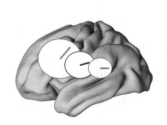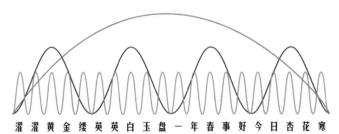

濯 濯 黄 金 缕 英 英 白 玉 盘 一 年 春 事 好 今 日 杏 花 寒

不同的脑电波信号分别对应了古诗的每个字、每一句和每首诗（绘图／熊一蓉）

🧬 知识链接

读"脑"神器：脑磁图

脑磁图检测是一种高灵敏度的脑功能无创探测技术。当脑内神经元放电时，变化的电流会激发产生微弱的磁场。脑磁图能敏锐捕捉到这个磁场，实时展现出脑内神经活动的变化。

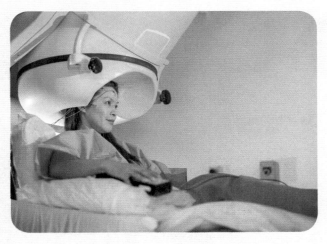

通过脑磁图可以监测到人们听觉区域的脑部活动

背诵偏差：大脑"掉进"韵律"陷阱"

研究者发现，对于同一首古诗，人们再一次听到时，大脑对诗句的加工会明显加速。这说明当大脑对耳边响起的古诗较为熟悉时，就能更快地启动内置的"古诗模式"。

由此可见，古诗之所以能朗朗上口并不仅仅是因为音韵和朗读的节奏，我们的大脑也在其中起到了重要的作用：大脑显然能记住古诗

的韵律和节奏。

正是因为大脑自动理解了古诗的结构以及背后的韵律变化，它有时会根据之前的经验自动理解古诗，这就很容易"掉进"古诗韵律和节奏的"陷阱"中，背诵出"长亭外，古道边，一行白鹭上青天"这样听上去顺口，但实际是错误的诗句。

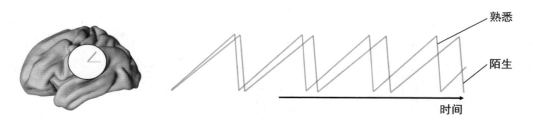

大脑对古诗越熟悉，处理的速度就越快（绘图／熊一蓉）

中国的古诗词博大精深，我们对古诗词接触得越多，大脑加工起来也就越娴熟。所以，"熟读唐诗三百首，不会作诗也会吟"并不是一句空话，要想写出好的诗句，还是得靠"读书破万卷"。

从舌尖到大脑　味觉的奖惩机制

撰文 / 洪嘉君

学科知识：

味觉　碳水化合物　蛋白质　脂肪　多巴胺

你拿起一块巧克力，咬上一口，随着巧克力渐渐融化在嘴里，它的独特风味也从舌尖慢慢传到了大脑，你会产生一种愉悦感。于是你毫不犹豫地决定再来一口……味觉感受究竟是如何传到我们大脑里的？我们又是如何在大脑的指导下对甜味或苦味产生喜欢或是厌恶之情的？在食物、情绪和进食行为的链条中，大脑扮演着怎样的角色？

进食过程中的"守门员"和"教练员"

生活经验告诉我们，只要不是有意控制，我们对好吃的食物总是欲罢不能。事实上，哪一类食物好吃，早已被刻在了我们的基因里。有一种源自进化论的假设认为，对食物好吃与否的敏感性，正是人类进化过程中的优势特征。

味觉是人体接触食物的第一个环节（有特殊气味的食物除外），甜味使人愉悦、酸味使人皱眉、苦味使人抗拒。可以说，味觉扮演了一个相当可靠的"守门员"角色，是它最先反馈给人们某种食物是应该大快朵颐，还是应该小心食用。

在食物、情绪和进食行为的过程中，大脑扮演着什么角色呢？打个比方，如果把味觉看作"守门员"，那么大脑其实就是"教练员"，它对味道自有"判断标准"。人们判断一种食物是否好吃的标准是什么？用"酸甜咸鲜"来形容都不准确，毕竟人的口味各异。因此，这个问题的答案其实隐藏在大脑里。对人类而言，有利于存活、生长和

对于食物是否"好吃"这个问题，大脑自有"判断标准"

繁衍的食物，就是人体必需的食物。为此，大脑进化出了一套奖励机制来鼓励人体多摄入这些食物，这就是"好吃"了。这套机制通过感受味道、强化感知并正面引导的路径来确保目的的达成。

味觉从舌尖到大脑要"走"多远

碳水化合物是人类重要的能量来源。碳水化合物中的某些结构和舌尖上的味觉感受器相互作用，这是产生甜味的原因之一。在这个情景中，甜味和能量产生了某种相关性。因此，对于大多数人来说，品尝到甜味是一种正面的心理体验，会被潜意识记住并反复追求。同样的道理，蛋白质的鲜咸味道、脂肪的特殊香味也在暗示大脑：这里有能量！

当食物中的化学物质与味觉受体细胞上的受体结合，味觉信号就会变身电信号，通过与味觉受体细胞相连的神经传入，经过几个信号中转站，最终到达大脑。例如，甜味被味蕾中的甜味感受器感受到，通过相连的甜味专属通道传入神经节；接下来，进入掌管味觉的孤束核，再经过其他神经元的中转，最终抵达大脑的味觉皮质。

甜味会激活大脑中的多巴胺神经系统，多巴胺通过刺激给人带来愉悦感。随着甜味进入口腔，味蕾中的感受器将甜味信号传送到大脑，大脑随即启动奖励机制，多巴胺被神经细胞大量释放出来，人的积极情感得到强化。大脑不断地暗示我们："你需要甜味，你需要甜味，你需要更多的甜味！"

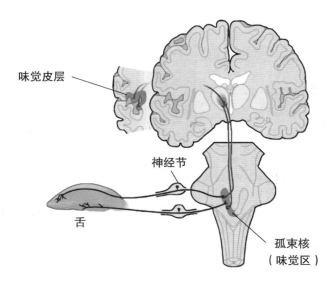

味觉皮层

神经节

舌

孤束核
（味觉区）

味觉信号的传输路线

奖励机制与惩罚机制

根据前面所说，我们并不能推断出奖励机制的反面就是神经细胞会分泌和多巴胺类似、但功能相反的"消极"神经递质，让人觉得情绪消极。大脑的惩罚机制远比奖励机制复杂，它会调动全身来对抗。只有这样，才能避免不好吃的食物对人体造成伤害。

比如，在喝很苦的药时，药物经过舌根，一开始会感受到苦味，但是在持续的刺激之下，往往会泛起一阵恶心感，甚至呕吐。

在长期进化过程中，味觉已经融合为大脑奖励机制和惩罚机制中的重要组成部分，它帮助我们选择判断食物。好吃的食物可以产生令人感到心情愉悦的多巴胺，不好吃的食物则会令人感到抗拒。大脑透过奖励机制和惩罚机制帮我们筛选吃进去的食物，这样不仅可以减少吃到对身体产生伤害的食物，还能透过味觉来调节自身的情绪。

大脑的惩罚机制远比奖励机制复杂，它会调动全身来对抗

知识链接

什么是多巴胺？

人类的大脑拥有大量神经元，这些神经元相互连接，形成了复杂的神经网络。各种复杂的神经功能，全靠各种各样的突触，尤其是化学突触来实现。为了在不同的突触之间传递不同的信号，人脑能够合成和释放上百种神经递质，其中最著名的就是多巴胺。这种脑内分泌物和人的情绪、感觉有关，它传递兴奋及开心的信息。大脑里有好几个区域生产多巴胺，比如黑质和腹侧被盖区。

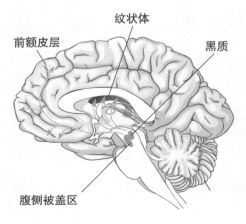

大脑的黑质和腹侧被盖区可以产生多巴胺

具备超强记忆力的"天才大脑"

撰文／刘　恺

学科知识：

神经网络　右脑　海马体

试问谁不想拥有超强的记忆力呢？哪怕有效期只是短短的一个小时也好。特别是考试将近时，不论多么难背的课文、难懂的公式、难记的单词，如果只要吃下"记忆面包"，便可不费吹灰之力轻轻松松记住全部，那可真是一大妙事。过目不忘的人物一直都是颇为神奇的存在，那么，如何才能拥有具备超强记忆力的"天才大脑"呢？

大脑的记忆密匙

人的大脑中存在复杂的神经网络，其基本功能单位是神经元，而记忆的过程就是由这数以百亿计的神经元的活动产生的。神经元活动时产生特定的膜电位变化，可以传递刺激信号，而通过这样的活动和信号传递，信息便在大脑中储存。

记忆是对获取的信息进行编码、存储、提取的过程。人的记忆中包含其所知的一切学识、技能以及经历，而遗忘则可能发生在记忆形成的任何阶段。若想要新获得的记忆在大脑中变得稳定，则需要不断地巩固再巩固，重复记忆过程，否则就会遗忘。正如我们所熟悉的艾宾浩斯遗

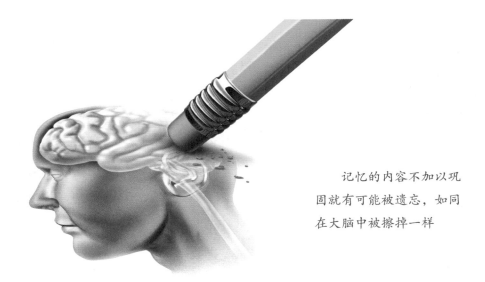

记忆的内容不加以巩固就有可能被遗忘，如同在大脑中被擦掉一样

忘曲线所展现的那样，遗忘的进程是有规律的，若非像超忆症患者那样不停地自动重复强迫记忆，可以说几乎没有人能做到完全不遗忘。

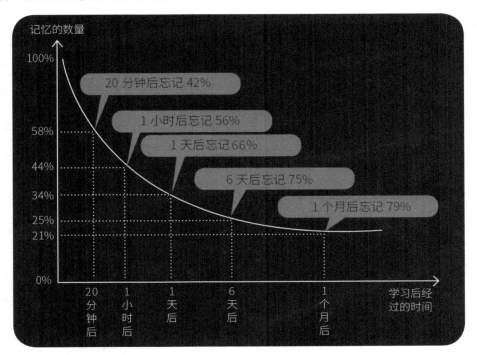

艾宾浩斯遗忘曲线

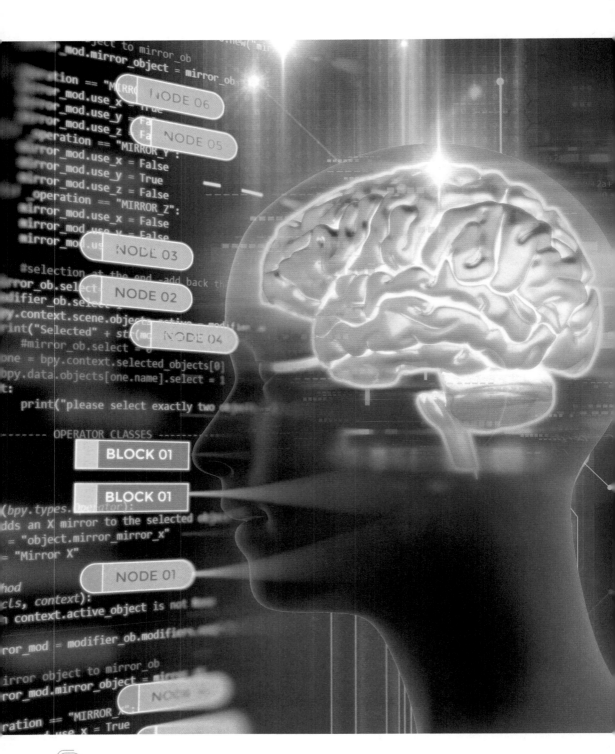

何以造就"天才大脑"

记忆可以按其保持时间的长短分为感觉记忆（又称瞬时记忆）、短时记忆和长时记忆。瞬时记忆类似于知觉加工，只保持极短的时间，大部分信息在这一阶段流逝；少部分得到注意而进入短时记忆或工作记忆，并在几秒至几分钟内指导决策；随后，一些重要的短时记忆被进一步加工，转化为长时记忆，可保存几天甚至几十年。我们总会羡慕那些很快就能记住信息的人，但一般来说，他们拥有的都是较强的短时记忆能力，这其实并不可靠，一旦分神或是记忆并未进一步加强，一段时间过后也会忘得一干二净。

而使用一些记忆方法，的确可以起到提高记忆速度和能力的作用。灵活运用分类记忆、特点记忆、谐音记忆、争论记忆、联想记忆、趣味记忆、图表记忆、碎片记忆及编提纲、做笔记、做卡片等记忆方法，均能增强记忆力。

其实，兴趣是我们获得记忆非常有效的方法，并且能够将短时记忆自然过渡到长时记忆。如果某个信息足够引起很大兴趣或很大震撼的话，那么短时记忆可能会很快转变为长时记忆。

掌握最佳记忆阶段在一定程度上也可以加快记忆的速度，人在一天和一生中都存在最佳记忆阶段。记忆的最佳年龄段一般是青少年时期，此时的记忆速度最快；而随着年龄增长，人们记忆速度虽有所下降，但提取信息的能力却更强，也会转变为另一个优势。一天中的最佳记忆阶段因人而异：有些人习惯于规律作息，记忆效率在早晨八九点钟最高；有的人习惯于挑灯夜战，到了夜间思维更活跃。因此，"一

日之计在于晨"的说法不见得人人适用，若是能找到自己的最佳记忆阶段，就能事半功倍。

此外，像日本教育学家七田真所倡导的"照相记忆法"等，则是以开发右脑的方式对记忆进行训练，其主要目的是增强形象性思维，培养丰富的想象力，探索智力潜能。

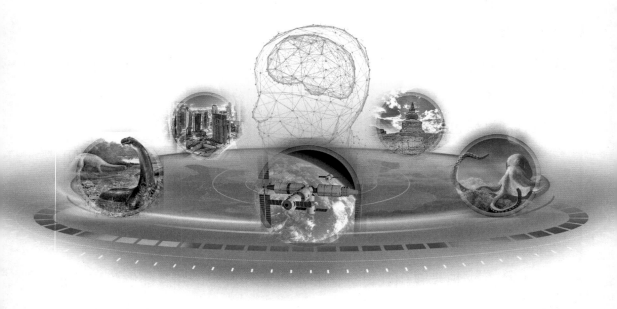

图像工具有助于增强记忆

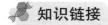 知识链接

海马体的作用

海马体是负责记忆的重要场所，尤其是陈述性记忆和空间记忆。记忆的能力与海马体的激活、海马体中新神经元的产生速度、海马体结构的大小等息息相关。记忆形成的整个过程都与海马体有着密切的联系，

海马体不仅参与记忆的编码，也促进短时记忆向长时记忆转化。这个区域一旦受到严重损伤，就像"只有20秒记忆"的美国"失忆症"患者亨利·莫莱森那样无法形成新的陈述性记忆，不过他的程序性记忆倒是没有受到太大影响。

　　陈述性记忆对应的是你知道自己记得的东西，比如好友的生日，昨天看过的一场精彩的电影，又比如上周背过的一篇古文；而程序性记忆对应的则是你不用有意去回想就能够知道的东西，就比如很多年没有骑过自行车的人依然能够在骑上车的时候找到感觉。程序性记忆并不存储在海马体中，而更多需要基底神经节及小脑的能力。

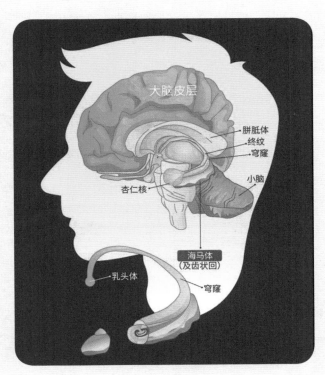

海马体位置示意图

记忆本身便很神奇，它存在于大脑中，却看不见摸不着。它如同沙滩上的印迹，不停地被海浪冲刷，有的就此被海水抹去，有的永远镌刻在岸边。拥有较强的短时记忆能力固然令人羡慕，超强记忆力更令人向往，但人的一生很长，所有的少年都会长大，真正留存心底的美好会随着岁月沉淀，逐渐成为长时记忆，甚至终生难忘。

"黑白键"中的"灰白质"奥秘

撰文/陈 夏

学科知识:

大脑皮层　丘脑　基底神经节　小脑　中枢神经系统

　　弹奏钢琴对左右手协调、指法变换等技巧的要求非常高,这不仅需要视觉、听觉、空间方位感等多模态感觉信息进行快速整合,更需要弹奏者实时地调整运动(动作)输出,这样才能实现旋律和伴奏的完美结合。在此过程中,大脑的多个脑区高度活跃且分工合作,以神经元胞体为主的"灰质"和以神经元轴突为主的"白质"在其中都扮演着重要角色。那么,大脑究竟发生了哪些变化?左右手又是如何做到如此协调的呢?

手在弹琴,脑在演奏

　　大脑皮层的结构极其复杂,各脑区在行为活动中扮演着不同的角色。当我们刚开始学习一项运动技能时,负责运动准备和规划的前运动皮层较为活跃,同时参与的还有前辅助运动区(辅助运动皮层中更靠前的区域）。在随后漫长的练习过程中，随着对曲目和指法的逐渐熟悉，前运动皮层的活跃度降低，辅助运动皮层持续活跃，这对控制连续动作和执行复杂任务尤为重要。与此同时，初级运动皮层更加活跃，这里的神经元可以直接投射至脊髓中的运动神经元，形成单突触连接，这对于手指的精细动作非常关键。初级运动皮层将运动意向和肢体的感觉反馈转变为运动指令，并在长期保留和回想这些动作技巧的时候发挥重要作用。

弹钢琴时，初级运动皮层的神经元活动影响着手指的精细动作

大脑中除了皮层外，还有几个重要的皮层下区域——丘脑、基底神经节、小脑，它们与感觉、运动相关皮层相连，帮助我们获取和整合视觉信息（乐谱、手和琴键的位置）、听觉信息（音色、音阶、节奏等）、触觉信息（手指接触琴键）。这几个区域在钢琴弹奏技巧的学习、纠错和提升过程中，都非常重要。

当然，想要弹得好，决不只是"动起来"和"眼观六路，耳听八方"。动听的音乐对节奏和旋律有着很高的要求，其中，节奏的强弱和快慢更是影响音乐表现力的重要因素。如果音乐失去了节奏和旋律，那么演奏就变成了机械地敲打，根本无法称之为艺术。节奏"时序"的把握，需要基底神经节、前辅助运动区、背侧前运动皮层和前额叶皮层的参与；而对动作进行更精细化的"时序"调整，小脑则发挥着重要作用。可见，虽然在独奏着钢琴，演奏者的脑中却正在上演着"交响乐"。

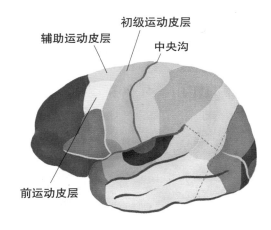

运动皮层左侧视结构图

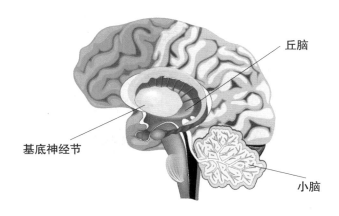

丘脑、基底神经节和小脑等区域在钢琴学习中扮演非常重要的角色

钢琴家的左右脑有哪些不同

与弦乐器相比，键盘类乐器对双手协调性的要求更高。那么钢琴家们是如何做到左右手高度协调的呢？

首先要说到手指的灵活度。单个手指的活动总是会不由自主地带动其他手指，这一现象就是手指活动的"同步化"。"同步化"现象在不同个体间的差异较大，但经过适当的专业训练也可能有所减弱。与普通人相比，钢琴家们能更好地控制手指独立活动，而来自初级运动皮层和前运动皮层的下行纤维——皮质脊髓束，对精准、娴熟的自主手指运动起着至关重要的作用。其次在皮层结构方面，钢琴家们左右

弹钢琴的专业训练可以减弱手指活动"同步化"现象

半脑的初级运动皮层更加对称（大多数普通人左右半脑的初级运动皮层的结构明显不对称），且连接左右半脑的胼胝体更大，使得左右半脑可以更高效地交互信息。大量研究表明，学音乐确实有利于提高认知能力、社交能力、早期的语言能力、创造力和抽象思维的能力，也有利于缓解压力和改善情绪。

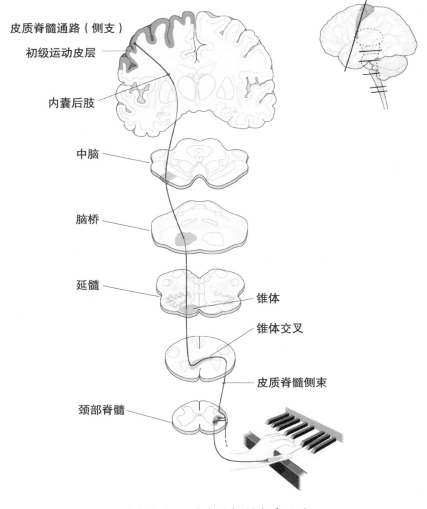

右侧初级运动皮层控制左手运动

学钢琴要趁早吗

中枢神经系统主要由灰质和白质两种结构组成。简单来说，灰质以神经元胞体为主，白质以髓鞘化的神经元轴突为主，后者由于脂肪含量较多，在解剖结构上呈现为白色。白质好比大脑中传递信息的高速公路，负责实现感觉和知觉信息、运动信息的快速传导。上文提到的皮质脊髓束、胼胝体都属于白质。

许多技能的学习都有关键期，学习钢琴也不例外。研究显示，那些更早开始学习、训练强度更高的音乐家，他们大脑中灰质和白质的变化相对于普通人更为明显。比如听觉皮层、初级运动皮层和小脑的灰质密度增加，同时胼胝体等白质结构的信息传递能力也得到提升。大脑的这些结构变化与神经系统的可塑性有关，通常而言，年龄越小，往往可塑性越强。

弹奏出美妙的乐曲其实并不只需要大脑的高速运转，与世上任何一种纯粹的艺术一样，更需要静心，容不得功利心。我们在音乐中表达自己，让心灵得以放松。与其在意弹琴给自己带来的益处，不如专注下来，用心感受精彩纷呈的音乐世界。

PART 03

探索生物新科技

水中精灵——仿生机器鱼

撰文 / 吴正兴

学科知识：

仿生　水生动物　两栖环境　关节

　　清澈的水池里，几条小鱼在欢快嬉戏。在水池一侧，几位博士正紧张地盯着屏幕上的数据和程序，随着鱼儿游来游去，不断调整着各类编程代码。原来，水池里欢快的小鱼并非真鱼，而是一条条机器鱼，这是中国科学院自动化研究所的研究人员正在做的机器鱼实验。他们在考虑如何进一步改进控制算法，使仿生鱼完美地呈现真实鱼类的游动形态。

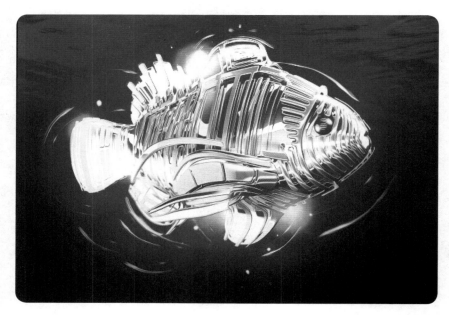

水下仿生机器鱼的概念图

鱼类游动带来的科技灵感

随着科技的蓬勃发展和经济、军事等领域应用需求的拉动，仿生机械学越来越受到关注。而在水下仿生研究领域，针对鱼类和海豚类等水生动物的仿生机器人研究，也是当今的研究热点之一。

自然界的鱼类，经过数亿年的自然进化，发展出令人惊异的水中游动技能。凭借优异的生理结构和非凡的游动技能，鱼类既能够高效率地持久游动，也能够爆发式地起动转向。鱼类游动的高效率、高机动等特征，都远超目前各种人工水下航行器。

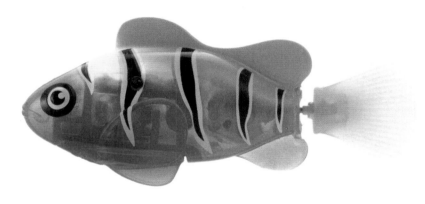

机器鱼玩具

借鉴生物体的形态结构、功能及运动机理，能为人工系统提供新的设计思想和控制理念，是提高普通机械系统性能的有效途径，也是机器人研究领域的一项重要内容。因此，国内外的科研人员关注鱼类的形态结构及游动方式，希望能够将其借鉴到水下航行器的研制中，以提高水下航行器的性能。

那么仿生机器鱼是如何模仿鱼类在水下运动的呢？在对鱼类的结

构及其推进方式的运动分析的基础上，科学家们综合运用机械设计、电子技术和自动控制等多学科知识，通过控制鱼体和鱼鳍按照一定的规律进行拍动或波动运动，可在水下形成特定的涡流流场并产生推力，从而实现仿生机器鱼的推进。而通过调整鱼体或鱼鳍的姿态和运动参数，可实现仿生机器鱼的转弯、倒退、浮潜等机动性运动。

仿生机器鱼具有机动性能强、噪声低、扰动小及隐蔽性好等优点。而这恰恰符合人们对新一代自主水下航行器应集高机动性、高速性、强隐蔽性及低扰动性于一体的需求。为此，科学家们正尝试从生物学、力学、机械学、人工智能等各个角度来探索鱼类高性能水下推进的机制，并希望能够将其借鉴到水下航行器的研制中。

多种多样的水中精灵

与基于传统螺旋桨推进的水下航行器相比，机器鱼实现了推进与转向功能的统一，从而更加适合在狭窄、复杂和动态的水下环境中进行监测、搜索、勘探及救援等作业。

1994 年，美国麻省理工学院成功研制出世界上第一条真正意义的仿生机器鱼——仿生金枪鱼（RoboTuna）。随后，越来越多的科研机构开始关注并研究仿生机器鱼，机器鱼及机器海豚的研究成果大幅增加，研究内容也涉及推进机理、运动控制、多传感器信息处理等多个方面。下面，为大家简单介绍几种仿生机器鱼系统。

高机动机器鱼

高机动机器鱼是以追求高灵活性和高机动性为目标的仿生机器鱼。它能够模仿鱼类的 C 形起动和 S 形起动等行为，实现快速的起动转向，例如快速的 45°、90°、180° 等 C 形转向及灵活的左右扭动。根据机器鱼内置的陀螺仪传感器测得，它的最快平均转向速度达到每秒 460°，峰值速度达到每秒 672°。

高机动机器鱼

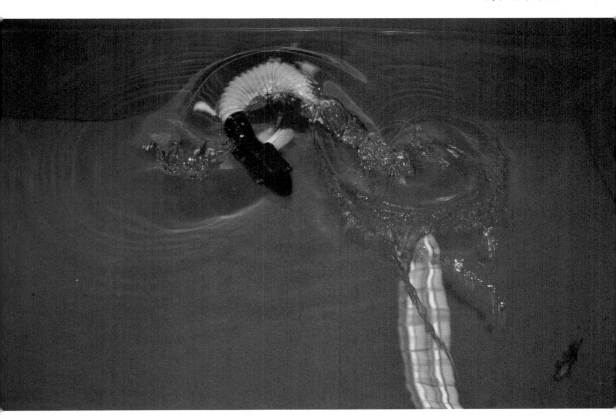

两栖机器鱼

　　两栖机器鱼，是可在陆地及水下两栖环境执行任务的仿生机器鱼。它是一种能在复杂水陆环境中工作的机器人系统，在民用和军事领域均有广阔的应用前景。两栖机器鱼以仿鱼推进技术为基础，辅以轮、桨、鳍等复合推进机构，兼具快速游动性能、强大的环境感知功能及良好的水陆环境适应能力。在水中，两栖机器鱼能够有效利用四关节鱼体的摆动实现仿鱼式推进运动；而在陆地上，两栖机器鱼则能够利用轮式机构，实现像车一样地快速前进。此外，该两栖机器鱼安装有液位探测器，能够分辨所处环境是陆地环境还是水下环境，从而自主切换运动方式，更好地适应环境，执行任务。

两栖机器鱼

高仿真机器锦鲤

高仿真机器锦鲤的外形，几乎能够以假乱真。实际上，它美丽的外皮采用柔软的硅胶材料制作，能够起到较好的防水效果。而鱼体内部利用 3 个舵机的反复转动，实现鱼体关节的左右摆动。由于在机器鱼的头部安装有控制板、电池及通信设备等，因此，该机器鱼能够根据人们发送的命令完成变速游动、转向等动作。此外，该机器鱼的双眼安装有红外传感器，使其能够感应到障碍物而快速躲开。该机器鱼已在较多的科技馆进行过表演，并与观众互动，起到了较好的科普教育作用。

高仿真机器锦鲤

长鳍波动机器鱼

长鳍波动机器鱼以海洋中的乌贼为仿生对象，利用两侧长鳍的波动产生有效的推进力来游动。长鳍波动机器鱼的两侧分布有鳍条，能够按照正弦规律带动鳍面波动。利用两侧鳍面的对称及非对称波动模式，长鳍波动机器鱼能够实现前游、倒游、转向、浮潜等动作。与前述仿生机器鱼相比，长鳍波动机器鱼虽然速度较慢，灵活性差，但是在低速环境中具有稳定性好、抗干扰能力强等优点，适合水下作业等应用。

长鳍波动机器鱼

虽然水下仿生技术已经取得了一定成果，但是，水下仿生机器人专家还面临一个重要的难题：生物学家还没有完全揭示鱼类高性能游动的机理。因此，未来的仿生机器鱼研究，还将在实现高速度、高机动及高效率的运动性能上下苦功。

生物降解：电子垃圾的理想归宿

撰文 / 王国全

学科知识：

生物降解　微生物　水解酶　真菌

在信息时代，电子产品成为人们的宠儿，给人们的生活和工作带来了无限的乐趣和便利。然而，这些"电子宠物"一旦被废弃，进入电子垃圾的行列，就会给我们本已十分脆弱的生态环境增添重负，甚至带来灾难性的后果。与塑料袋、塑料瓶等造成的"白色污染"相比，电子垃圾的污染是人类社会要面对的更大的麻烦。电子产品结构复杂，所用的材料种类繁多，许多材料有较高的力学强度，很难在自然环境中分解。面对来势汹汹的电子垃圾，科学家们采取了哪些富有成效的处理办法呢？

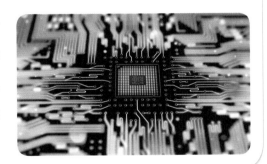

微生物："对抗"电子垃圾的勇士

科学家们发现，研究开发用于电子产品的可生物降解的材料，是解决电子垃圾问题的一条有效途径。这里所说的生物降解，是指通过细菌或其他微生物的酶系活动分解有机物质的过程；而可生物降解材料，就是在自然环境中微生物的作用下能够降解的材料。如此说来，

不起眼的微生物竟可以成为"对抗"电子垃圾的勇士了。

那么，微生物是怎样发挥作用的呢？电子垃圾中包含大量高分子材料，对于可生物降解的高分子材料，将其置于自然环境中"堆肥"的条件下，降解过程就一步步地发生了：首先，微生物分泌出的水解酶黏附在材料表面，通过酶的水解作用，切断材料表面的高分子链，生成小分子化合物，这就是

电子垃圾

"降解"。然后，降解的生成物被微生物摄入体内，化作微生物的躯体或转变为微生物活动的能量，经过种种代谢途径，最终转化成二氧化碳和水，或许还有一些对环境无害的无机盐。而二氧化碳和水又将参与新一轮生命物质的缔造，这就是自然界的生命循环，也可看作"碳素"的循环。在这个循环过程中，微生物的辛勤劳作是功不可没的。

天然高分子材料：大自然的慷慨馈赠

用于工业产品（包括电子产品）的可生物降解材料，除了能在一定条件下被微生物降解之外，还应满足以下条件：第一，它的生产过程不会对环境造成污染；第二，它的降解产物不会危害环境；第三，在性能上，它要符合产品对材料性能的要求；第四，它必须能够实现工业化生产，生产成本不高，能满足产品对于材料成本的要求。

要同时满足这么多条件是很不容易的。到哪里去寻觅这样的材料

呢？幸而，我们首先可以从大自然的宝藏中获得慷慨的馈赠。

可生物降解材料的主体是高分子材料，而高分子材料分为两大类：一类是天然高分子材料，另一类是合成高分子材料。天然高分子材料就来源于大自然。

大自然生生不息地繁育着无数植物和动物，它们体内存在着大量天然高分子物质，包括纤维素、木质素、淀粉、甲壳素、壳聚糖和各种动植物蛋白质，等等。这些天然高分子物质能够制成可生物降解的材料。其中，纤维素是极为丰富的天然高分子物质，而植物纤维素广泛存在于树干、棉花、麻类植物、草秆等中，成为储量惊人的可再生资源。纤维素纤维是一种颇有发展前景，可生物降解的天然高分子材料。如今，在科学家的努力下，纤维素纤维已经取得了惊人的应用成果。

棉纤维是较纯的纤维素，木、竹、麦秆、稻草等也含有丰富的纤维素

科学家用"木材"制成计算机芯片

纤维素纤维在可生物降解材料领域的应用取得了重大进展。美国威斯康星大学麦迪逊分校的研究人员曾制成了几乎全部取材于木材的计算机芯片。

从事这项研究的科学家发表研究论文，证实了由木材制成的柔性可降解材料——纤维素纳米纤维（英文缩写为 CNF）作为计算机芯片基底的可行性。新型芯片的大部分材料是可生物降解的纤维素纳米纤维制成的基底，其他材料只有区区几微米的厚度。该项目负责人自豪地说："你可以把它们丢弃到森林里，让真菌去降解。它们变得和植物肥料一样安全环保。"

为了认识神奇的纤维素纳米纤维芯片，让我们先来了解普通的纤维素纤维。纤维素纤维的生产是以木浆为原料。先将木材（可以用枝丫或木制下脚料）制成木浆，这一步与造纸相似。木材中含有 40%～50% 的纤维素。在木材资源匮乏的国家和地区，也可以使用竹子或农作物秸秆。接下来，再从木浆中分离出纤维素粗纤维。将分离出的纤维素粗纤维进行研磨细化，就可以得到直径为数十微米的纤维素纤维了。微米级纤维素与沥青掺混，可用于铺设高速公路的路面，或者掺进混凝土，可起到防止混凝土开裂的作用。

威斯康星大学的科学家们制备的纤维素纳米纤维，直径只有几纳米，大约相当于头发丝直径的 1/10000。如此纤细的纳米尺度，使材料性能发生了质的飞跃。在这样的尺度下，可以制造出非常坚韧且又具有一定柔性的纤维素纳米纤维膜，用作计算机芯片的基底。

科学家们至少在三个方面取得了突破性进展。第一，成功制备出纳米级的纤维素纤维，这中间包含着一系列的技术创新。第二，解决了纤维素纳米纤维膜表面光滑度的问题。作为芯片的基底，需要有极为光滑的表面。科学家在纤维素纳米纤维表面覆上环氧树脂涂层，成功地解决了这个问题。第三，解决了热膨胀问题。芯片基底对热膨胀必须严加限制，而纤维素纳米纤维的热膨胀系数比其他聚合物更低，这是它得天独厚的优点。

将纤维素纳米纤维芯片放到自然环境的木堆中，很快就会降解。这使它成为绿色环保的芯片。

聚乳酸：极具发展前景的可降解合成高分子材料

再来说说合成高分子材料。前边讲过的天然高分子材料，大多数是可以生物降解的。与此形成鲜明对照的是，大多数合成高分子材料是不能生物降解的。因此，才有了塑料袋、塑料瓶等导致的白色污染。

近年来，科学界日益重视这方面的研究，一些新型的可生物降解的合成高分子材料被开发研制出来，包括聚乳酸、聚己内酯、聚丁二醇丁二酸酯等。其中，聚乳酸是极具发展前景的品种。

提到聚乳酸，人们可能会联想到酸奶，因为酸奶里面是含有乳酸的。但聚乳酸却并非从酸奶中提炼乳酸来生产，而是以玉米等为原料制造的。以玉米为例，先将玉米制成淀粉，再对淀粉进行糖化，生成葡萄糖，由葡萄糖及一定的菌种发酵制成高纯度的乳酸。乳酸分子中

有一个羟基（-OH）和一个羧基（-COOH），大量乳酸分子在一定条件下发生聚合反应：不同分子的羟基与羧基相互"脱水缩合"，生成酯基（-COO），释放出水。就这样，乳酸分子们"手拉手"形成了聚合物，名叫聚乳酸（英文缩写为PLA）。聚乳酸在聚合物分类中属于聚酯，是一种塑料。

聚乳酸及其制品在堆肥条件下自然分解成二氧化碳和水，是可完全生物降解的合成高分子材料，实属难能可贵。一般塑料以不可再生的石油为原料，生产聚乳酸的原料玉米等则是可再生资源。此外，聚乳酸还具

聚乳酸颗粒

有良好的生物相容性，且安全无毒。然而，聚乳酸在性能上也有其不足之处，如耐热性较差，而且力学性能较脆。综合考虑性能上的优缺点，聚乳酸主要应用于医疗、农业和包装等领域。在被应用于电子产品之前，聚乳酸一直徘徊在高强度材料及其制品的门槛之外。

知识链接

用聚乳酸和洋麻纤维制成了手机外壳

多年来，科技界在努力尝试扩大聚乳酸的应用领域，使这种具有生物降解特性的合成高分子材料能够应用于电子产品。具体的努力方向之一便是提高聚乳酸的力学性能，克服其脆性。为了提高材料的力学性能，

通常有两条可供选择的路径：其一，是把该材料与较为"强悍"的材料进行混合，专业术语叫共混；其二，是把该材料与纤维状的材料复合，制成纤维增强复合材料。

对于聚乳酸，科研人员首先尝试了第一条路径。国外多家公司研制了聚乳酸与聚碳酸酯（PC）的共混材料，用于手机外壳的制造。然而，令人遗憾的是，在这类材料中聚乳酸的用量仅为20%～30%，其余为无法生物降解的聚碳酸酯等材料。显然，该类共混材料不可能从整体上实现生物降解。只能说，该类材料由于部分使用聚乳酸而减少了对于石油资源的依赖。

科研人员又尝试了第二条路径。国外一家公司采用洋麻作为天然纤维增强剂，研制了聚乳酸与洋麻纤维的复合材料。用洋麻纤维与聚乳酸制成复合材料，可以显著提升聚乳酸的韧性和耐热性，两者还可以一同实现生物降解，堪称是绝妙的配合。此外，洋麻的成本低廉，用在聚乳酸中不会增加成本。这家公司已经研制出含有20%洋麻纤维的聚乳酸复合材料，用于制造手机外壳，具有良好的耐热性和抗冲击性。在该复合材料组分中，可生物降解材料占到90%，应该说，这是向完全的生物降解材料迈进了一大步。

用聚乳酸和洋麻纤维制造手机外壳的材料

虽是初试锋芒，却弥足珍贵

由于电子产品结构复杂，使用的材料种类繁多，用纤维素纳米纤维制造的可降解芯片，以及用聚乳酸与洋麻纤维的复合材料制造的手机外壳，这些研究成果只能算是初试锋芒，科学家们要做的事情还很多，要走的路还很遥远。

洋麻是一种草本植物，是生产麻绳、麻袋等物品的原料，
具有质地坚韧、纤维长、色泽洁白和拉伸强度高等特点

在电子产品领域，可生物降解的材料首先被应用在手机上，这并不是巧合。因为像电视机、计算机这样体形较大的电子产品，通常可以通过拆分的方式，把塑料外壳等分离出来，分门别类地进行回收和再利用。而对于手机之类的小型电子产品，进行拆分和回收利用，可能就有些得不偿失了。而电子产品的小型化又是一个趋势，今后会有

更多小巧玲珑的电子产品问世。研究开发可生物降解的材料，对于这样的电子产品尤为重要。可生物降解材料在芯片中的应用也很重要，因为芯片就像是电子产品的"心脏"。

从整个社会的视角来看，以塑料废弃物为代表的"白色污染"正愈演愈烈，石油等资源趋于枯竭也绝非危言耸听，而可生物降解材料的开发在材料性能等方面又遭遇了难题。在这样的大背景下，用于电子产品的可生物降解材料的可喜进展，堪称人们向绿色环保材料迈进的一次破冰之旅。虽然是初试锋芒，却弥足珍贵。

假如有一天，你用上了聚乳酸外壳做的手机，会不会联想到酸奶？或者，你阅读了本文之后，会在喝酸奶的时候想到手机呢？也许你还有更新奇的想法，欢迎与我们分享！

"披甲猪"里的仿生艺术

撰文/丁毅峰　靳铭宇

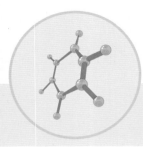

学科知识:

骨板　麟板　肌肉

在生命漫长的发展长河中,人类通过借鉴动植物身体上的特殊构造,创造出许多奇妙的结构。例如:人们从自然界的蜘蛛网中获取灵感,创造了可以实现大跨度的悬索结构;根据植物细胞的泡状结构原理,将薄膜材料进行张拉(拉压),进而建造了跨越较大空间的膜结构建筑。建筑师也从犰狳骨质鳞甲镶嵌排列中获得了灵感,将其应用到建筑中,创造出令人惊奇的壳体结构空间。接下来,就让我们深入犰狳的世界,开启犰狳仿生之旅。

犰狳

犰狳:虽然"内心"柔软,但外表坚硬

犰狳是一种身上覆有甲片的小型哺乳动物,又称铠鼠,广泛分布于美国南部和南美的沙漠、草原和树林中。最大的巨型犰狳可以达到一头小猪的大小,而体形小的只有十几厘米。不同于大多数哺乳动物的全身被毛,它们引人注目的是身上的骨质鳞甲。由于这些骨质鳞甲

十分坚固，所以犰狳又被冠以"披甲猪"之名。大多数犰狳上体两侧和四肢外侧常覆盖着骨板和鳞板，构成保护躯体的盔甲。遇到危险时，它们会缩成圆球，将骨质鳞甲朝外以保护全身。

犰狳遇到危险时，会缩成圆球

它们的鳞甲分为前后及中段三部分，前后两部分有整块不能伸缩的骨质鳞甲覆盖。中段的鳞甲成带状，这些重叠的"盾牌"覆盖着皮肤，骨质鳞甲深入皮肤中，通过皮肤上的褶皱与肌肉连接在一起。骨质鳞甲可以自由伸缩，但又被皮肤隔开。其尾巴和腿上也有鳞片，鳞片之间还长着毛，而腹部无鳞片，只有毛。

这种刚性和柔性材料交替的构造可以很大程度提高其刚度，并且可以像手风琴一样弯曲自如，不会像笨重的盔甲一样影响犰狳的自由活动。仔细观察，犰狳天然的外壳虽然与穿山甲很像，但其实并不一样，它在哺乳动物中是独一无二的，被称作盘状外壳。

犰狳有二十多个种类，以身上鳞甲环带数目进行分类。根据盘状外壳数量

犰狳的盘状外壳结构

的不同，它们被分类为三带犰狳、七带犰狳、九带犰狳等。常见的团起来最接近球形的那种，就是三带犰狳。犰狳对领地有一定要求，善于挖洞居住，白天待在洞内，晚上才出来觅食。如今它们最大的天敌是汽车。由于犰狳胆子小，十分容易受到惊吓，遇到危险时会下意识地跳跃成团，因此常被汽车碾压，使得美洲的公路上常能看到犰狳的尸体。

令人惊奇的壳体空间——犰狳拱顶

瑞士苏黎世联邦理工学院的设计师从犰狳的盘状外壳中获得了灵感，在充分研究犰狳外壳结构后，他们使用 399 块楔形的石灰石构建了一个重达 23.7 吨的犰狳拱顶，完成了犰狳拱顶这件绝妙的作品。值得一提的是，整个建造过程没有用到任何胶结材料。

犰狳拱顶

如何达到力的分布与实际物体的"最佳拟合"

由于犰狳拱顶的展览地点是一座历史悠久的教堂，故不能对教堂的任何地方造成破坏，这也就意味着拱顶不能固定在地板、柱子或墙壁上。因此，其边界设置了三个支座，另外，中间有一个支座用来承接拱顶落地部分的边缘。犰狳拱顶平面大致呈三角形，避开了教堂中的柱子。设计师基于功能和美学考虑，对拱顶进行调整，使其符合受力特点。之后再根据受力情况分析拱顶水平推力的方向，使其与实际的三维拱顶相接近，即达到力的分布与实际物体的"最佳拟合"。由此得到了拱顶的初始形态与其推力分析。

具有美妙弧线的犰狳拱顶

如何才能让犰狳拱顶立而不倒

拱顶有了初始的形态后，需要对其分割。拱顶的分割从对石块推力面的轨迹开始。首先选择拱顶与地面接触的一条曲线，以此为基准来生成其他切割曲线，使每一行的重量不超过每行平均楔块允许的重

量，由此便得到了一系列分割曲线。然后每条曲线生成一组与力的方向相垂直的线，便形成了分割拱顶的网格。最终将分割出的面向上凸出一定的厚度，从而生成楔形石块。

构成拱顶的楔形石块在重力的作用下会对相邻的石块产生推力。为了防止石块之间出现滑动、错位，从而导致拱顶坍塌，楔形石块之间的推力方向应与推力网络分析中的力的分布相一致，这样就可以通过楔形石块之间的挤压抵消其受到的垂直方向的力。

楔形石块下表面用圆锯切割出了梳子形状的切口，再将切出的"鳍片"敲掉，留下弯曲的表面，以做出平滑的拱顶内表面

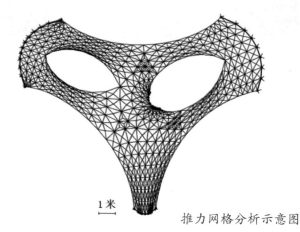

1米

推力网格分析示意图

为了在没有任何辅助支撑的情况下保持拱顶稳定性，且使其能够承受压力，设计师最终确定拱顶组成单元的石块（石灰石）最小厚度为5厘米，小于这个厚度则会因偏心力分布而使石块（石灰石）相互接触的表面破碎。出于结构稳定和美学的考虑，石块（石灰石）的厚度并不是均匀的，而是边缘较薄（约8厘米），中心线较厚（约12厘米）。

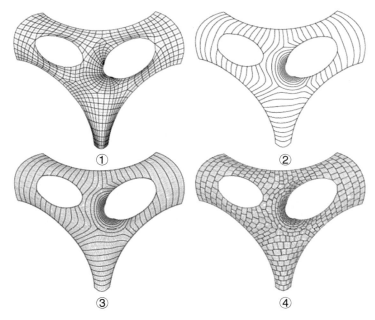

图①～④依次为递进关系，反映了楔形石块的生成过程：图①为推力分析后产生的网格，图②为以推力网格为基础确定的走线路径，图③为以走线路径为基础绘制的内部粗切图案，图④为对齐粗切图案产生的最终镶嵌图案

犰狳拱顶以其美妙的弧线完美展现了仿生学应用与建筑构造的美感。未来，建筑学家们将通过使用基于计算机建模和计算的结构设计与形态设计的方法，更加精确、更具有创造性且运用更少的资源将仿生学应用到建筑中，以精巧的形式与方法建造出更加奇妙的建筑。

生物基尼龙——"长"出来的绿色材料

撰文 / 刘玉飞 · 王艳平

学科知识：

纤维　发酵　代谢

从牙刷到袜子再到电器，提起尼龙，我们并不陌生。它来到这个世界将近100年，却始终伴随着难以消散的污染问题。而现在，我们利用常见的植物油、葡萄糖、植物秸秆等可再生资源，都能制造出更绿色、更环保的生物基尼龙。

"脱胎换骨"的新型尼龙

自古以来，人类就知道从大自然中获取纤维材料。亚麻、棉纱、麻绳来自植物，羊毛、丝绸则来自动物，它们都是天然纤维。当人类开始模仿桑蚕吐丝，用化学合成的方法生产纤维时，便诞生了世界上第一种合成纤维——尼龙。

　　尼龙，学名聚酰胺，其出现为高分子化学学科奠定了理论基础。因具有耐磨、耐腐蚀、柔韧性强、吸湿性强、质量轻等特性，自工业化以来，尼龙被广泛应用于机械、纺织、电子电器等领域。

　　传统尼龙被称作石油基尼龙，因为其制造原料来自不可再生的石油资源。不仅如此，其生产过程中还会排放大量的废水和温室气体。化石能源日益枯竭、全球变暖日渐加剧，因此，科研人员发明了更加节能环保的生物基尼龙。

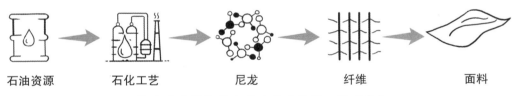

| 石油资源 | 石化工艺 | 尼龙 | 纤维 | 面料 |

传统尼龙纤维的生产流程（绘图／闫丽真）

　　生物基尼龙这个大家庭的种类很多，根据其原料及聚合方式的不同，具有各自的名字和性能。例如，密度更小、吸水性更低的生物基尼龙 12，不仅可以为庞大的汽车"减重"，还能让牙刷保持不变形；完全来源于蓖麻油的生物基尼龙 11，已经应用于汽车零部件、食品包装和 3D 打印等领域；富有弹性和吸水性的生物基尼龙 56，正改变着服装领域，还制成了保护人们生命的安全气囊。

尼龙绳

于植物中凝聚

生物基尼龙就像植物一样，可以从各种生物资源中"长"出来。将小麦、水稻、玉米等植物的秸秆浸入水中，再放入一些特定的菌株（微生物）进行发酵，这些菌株在发酵过程中不断代谢，产生新的物质。将发酵后得到的物质分离纯化（常见的分离纯化方法包括过滤、蒸馏、萃取等，可以将混合物中的不同成分分离出来），可以得到二元羧酸和二元胺。

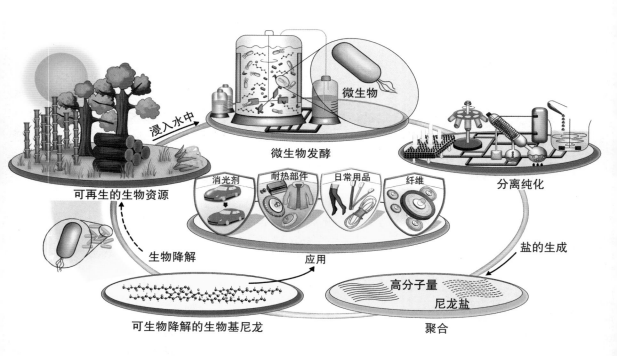

生物基尼龙的生产流程示意图（绘图／闫丽真）

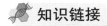 知识链接

"数"出它们的名字——二元羧酸与二元胺

二元羧酸与二元胺是生产尼龙的重要原料，而它们的名字是"数"出来的。

分子中含有羧基的化合物被称为羧酸，它离我们的生活并不遥远，藏身于醋中的醋酸便是羧酸中的一员。羧基由 1 个碳原子、2 个氧原子和 1 个氢原子组成，化学物质中含有 1 个羧基的是一元羧酸，含有 2 个羧基的便是二元羧酸。

二元胺的名称由来与二元羧酸相似。氨是一种味道极其难闻的化合物，分子中有 3 个氢原子和 1 个氮原子。将其与碳氢化合物进行反应后，它的氢原子会被置换掉，产生的新物质便是胺类，其中含有 1 个氨基的是一元胺，含有 2 个氨基的便是二元胺。

二元羧酸与二元胺反应，会产生尼龙盐（为白色针状结晶，是生产尼龙的重要原料），尼龙盐不断聚合，最终变为高分子的生物基尼龙。部分种类的生物基尼龙还可以降解，再次回到这个循环之中。生物基尼龙就这样在循环之中改变着人们的生活。

目前，尽管在很多生物基尼龙的生产过程中还有化工产品的身影，但生物基尼龙已经在悄悄改变着二氧化碳的排放量。未来，它们会与植物和微生物共存，成为实现"碳中和"的先锋军。

追踪血液中癌症密码的"福尔摩斯"

文图/苏晓

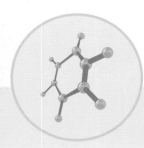

学科知识：

DNA（脱氧核糖核酸） 变异 基因检测 RNA（核糖核酸）

　　众所周知，癌症被称为"万病之王"，它的治愈率较低，而致死率较高。自古以来，人类和癌症的抗争一直持续着，但收效甚微。因此，一旦患癌，很多人就会陷入绝望的境地，像生命被判了死刑。而如今出现了一项技术，它就像大侦探福尔摩斯，能在血液中追踪癌症，查找癌症的蛛丝马迹。

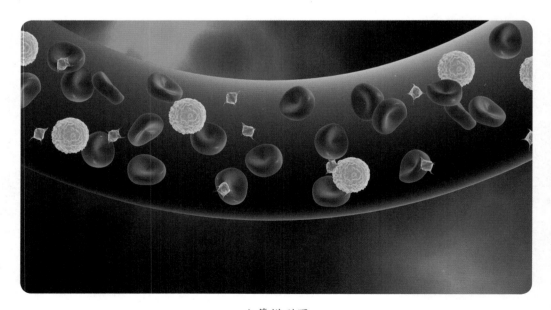

血管模型图

癌症，其实是一种基因疾病

在生活中，我们经常会遇到没有明显症状就被诊断为患癌的例子。但你知道吗？癌症实际上是一种基因层面的疾病，早期很多患者身体往往不会出现什么明显症状，但如果用"放大镜"细微观测到 DNA（脱氧核糖核酸）层面，就会发现身体已经出现了异样。

原理说起来也比较简单。平时，我们身体里的细胞都是各司其职、井井有条地工作，非常规律。可是，因为一些因素，身体内的某些细胞发生了变异，从 1 个癌细胞发展成 2 个、4 个、无数个，并且这些癌细胞像野草一样疯狂生长，就会影响身体正常运转，我们称之为癌变。遗传、衰老、环境、免疫系统、慢性炎症、生活方式等，都是导致癌症发生的常见因素。

ctDNA，寻找癌症留下的蛛丝马迹

在古代，人的平均寿命比较短，很多人还没有到癌症高发的年龄就已经去世了，加之科学技术不发达，大家对癌症没有系统和正确的认识。随着近现代科技的发展，X 射线检测、CT 扫描、B 超检查、血液检测等都成为常见的癌症筛查手段。尤其是近 10 年，基因检测技术的不断发展，让人类可以在基因这一微观的层面来研究癌症，我们也越来越接近癌症的本质，包括癌症如何发生、发展、治疗，甚至如何预防。

其中，通过 ctDNA（游离 DNA，一种来自肿瘤细胞的 DNA 片段）

来捕捉癌症信号的液体活检技术就是一项新兴技术。肿瘤在发生、发展的过程中，会向血液中释放少量的 DNA、RNA（核糖核酸）、蛋白质等微小分子。这些物质可以进入血液循环，我们通过基因技术来对血液进行检测，就能帮助医生发现掉落在血液中的肿瘤基因片段，从而早一些给出治疗方案或对早期患者提前进行预防和干预。

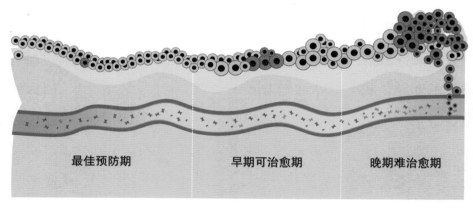

在癌症发展过程中，人体组织中发生癌变的细胞会脱落到血液中（如下方弯弯的小河），形成很多微小的循环肿瘤 DNA(ctDNA)，它们就是一种特殊的肿瘤标志物

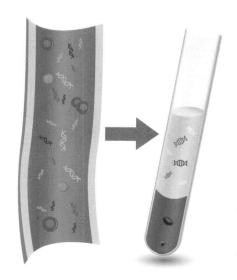

ctDNA 原理图（我们通过采集人体静脉血，就可以捕捉到脱落在血液中的 ctDNA 片段，从而获知肿瘤信号）

另外，很多做过肿瘤切除手术的患者，往往担心自己会复发或者发生癌症转移。对此，我们也可以通过定期探寻患者血液中是否能检测到与肿瘤相关的微小成分，从而确定肿瘤是否复发或者转移到了其他部位。可以说，ctDNA就像癌症这个狡猾敌人留下的蛛丝马迹，而液体活检技术就像大侦探福尔摩斯一样，通过查找蛛丝马迹来获得与癌症复发或转移相关的信息。

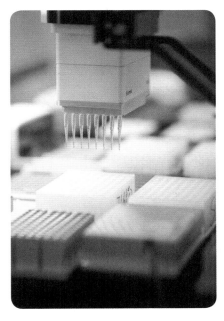

基因检测技术操作环节

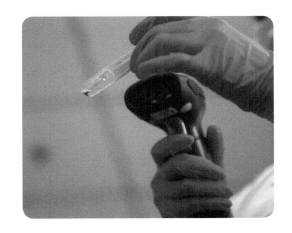

基因检测样本扫描

这项新兴技术，离大众还有多远

很多人会询问，这么先进的技术，现在离我们到底有多远？国家卫生健康委员会2023年曾发布的一项数据显示：我国总体癌症5年生存率从2015年的40.5%上升到2022年的43.7%。以前，让人谈之色变

的癌症逐渐被定义为慢性病的范畴，实在是让人欣喜。

其中，液体活检技术功不可没。对于晚期癌症患者，通过该技术，我们可以获知患者的哪个基因出现了突变，有哪些对症的靶向药物或者免疫药物，从而更好地进行治疗，延长患者的生存期。对于一些接受过癌症手术的患者，液体活检技术可以定期监测其血液中是否有微小肿瘤细胞残留，从而确定癌症是否治愈、是否存在复发的可能性，以便及时采取治疗措施。

当然，更多人希望一辈子不患癌。如果我们可以把一些癌症风险扼杀在摇篮里，就更加完美了。对此，液体活检技术也有望大显身手。只要检测技术足够先进，我们便可以通过血液检测，在早期阶段发现一些癌症的微小信号，从而及时阻断癌症发展的路径，降低患癌风险。可以说，液体活检技术在癌症早期筛查和预防方面潜力无限！

液体活检技术就像大侦探福尔摩斯一样，在血液中追踪癌症的线索。未来，随着这一技术的不断成熟和推广应用，以及相关成本的不断下降，这个目前看上去还有点"高大上"的技术会慢慢普及，为越来越多人的健康保驾护航！

PART 04

掌握生命的奥妙

1亿年前昆虫界的"伪装者"

撰文／姜雪莹　　许春鹏　　杨定华

学科知识：

昆虫　生物多样性　生态系统　节肢动物

　　与其他动物相比，昆虫往往个体较小，属于"弱势群体"，但却是种类多、数量庞大的群体。究其原因，它们种种出色的"伪装术"功不可没。让我们一起探寻约1亿年前的昆虫是如何伪装自己的吧！

"伪装大师"——拟叶蚤蝼生态复原图（绘图／杨定华）

"化石宝库" 缅甸琥珀生物群

在漫长的地质历史长河中，生物是如何一步步从最初的"简单"演变至今天的"复杂"的呢？生物化石为我们探索生命演化的奥秘提供了重要线索。素有"时空胶囊"之称的琥珀，保存了生物在地质历史时期中的演化片段，是探寻远古生物强有力的工具。

科学家在缅甸发现了距今约1亿年的琥珀生物群。该琥珀生物群因其古老的年龄和较高的生物多样性闻名于世，被誉为世界四大琥珀生物群之一。

缅甸琥珀生物群是科学家探索约1亿年前白垩纪时期热带雨林生态系统的重要窗口，包含了各类节肢动物演化的诸多关键信息。而本文的主角——那位约1亿年前的"伪装者"，便隐藏其中。

缅甸琥珀生物群挖掘现场

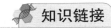 知识链接

琥珀与节肢动物

琥珀是古代松柏树脂的化石，其中经常可见气泡及昆虫或植物的碎屑。

从寒武纪生命大爆发开始，节肢动物便是地球上非常庞大的动物门类。蝴蝶、螃蟹、蜈蚣和蜘蛛等都属于节肢动物。该门类占据了当今动物界大约80%的物种。以缅甸琥珀生物群为例，截至2022年，缅甸琥珀生物群中共发现至少47个纲117个目597个科1574个物种，其中保存种类最多的就是节肢动物，至少有1463种。

琥珀

"小虫儿"却有大智慧

作为生物界有名的"伪装大师"，昆虫演化出了多种多样的伪装技能，它们凭借这些技能与天敌和猎物斗智斗勇，得以在自然界更好地生存。例如，拟态行为和覆物伪装行为——前者指的是模拟生活环境中的其他生物或无机物来隐蔽自己，后者指的是利用环境中的各种材料遮盖自己，以达到伪装的效果。这些高超的伪装术，不仅能帮助它们躲避天敌，还能让它们成为捕猎高手。

在距今约 1 亿年前的缅甸琥珀生物群中，科学家先后发现了多例昆虫界的"伪装者"。例如，模拟植物形态的直翅目昆虫蚤蝼（被命名为拟叶蚤蝼），以及覆物伪装的啮虫目昆虫和半翅目蟾蝽科昆虫。

覆物伪装的蟾蝽与它的猎物——拟叶蚤蝼生态复原图，灰色为蟾蝽，绿色为拟叶蚤蝼（绘图／杨定华）

从形态上观察，本文的主角——拟叶蚤蝼与同时期的苔类和卷柏类植物展现出了极高的相似性。例如，当拟叶蚤蝼的中足腿节与胫节折叠后，其形态与卷柏类植物的小叶极其相似；拟叶蚤蝼后足腿节异常膨大，形态上与卷柏类等植物的叶片极其相似；拟叶蚤蝼与这些同时期苔类和卷柏类植物在尺寸上也尤为接近。

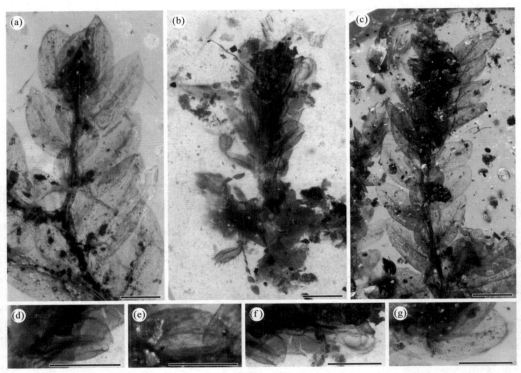

拟叶蚤蝼（b：整体图；d：中足腿节与胫节；f：后足腿节）
与卷柏类植物（a、c：整体图；e：小叶；g：叶片）

同时，研究人员观察到蟾蟒科昆虫的背上覆盖着大量的碎屑物，包括土壤颗粒、沙砾和植物碎屑等。并且，在这类昆虫的背部发现了大量短小的刚毛，这类昆虫极有可能利用这些刚毛将碎屑物质粘在其背上。

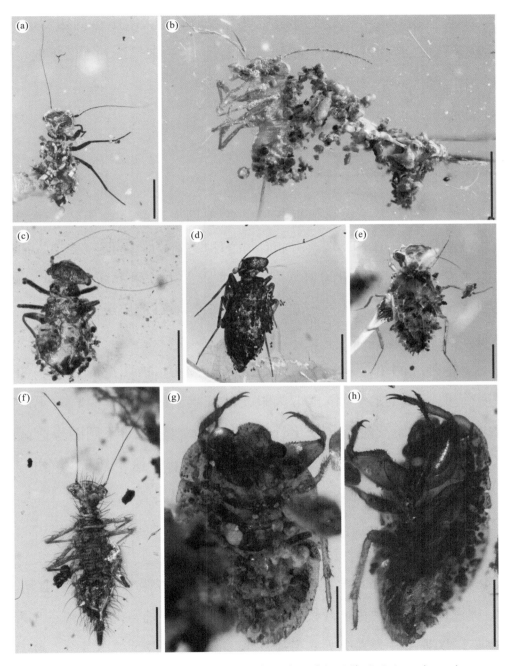

这是昆虫在琥珀里真实的样子，图中是擅于覆物伪装的啮虫目（a～f）
与半翅目蟾蝽科（g和h）昆虫

模拟植物叶片可以让拟叶螽蟖更有效地躲避天敌螳螂的猛烈追捕，而螳螂覆物伪装则可以让其骗过自己的猎物。原来早在约 1 亿年前，大自然中已经上演了"无间道"。

分析拟态行为的新工具

以往，研究人员大多借助显微镜等工具来探究昆虫伪装本领的起源以及演化。但用肉眼观察分析昆虫的拟态行为，无形中会加入研究者的主观判断。来自中国科学院南京地质古生物研究所的科研人员，曾使用了一种新的工具——孪生神经网络，来对地质历史时期的拟态行为进行定量化分析。

孪生神经网络是新兴的人工智能分析技术，被广泛应用于图像相似度衡量。这项技术可以提取肉眼无法观察到的多维信息，对不同图像之间的相似距离进行定量化计算，从而客观地判断不同图像之间的相似性。听起来是不是很像找不同的游戏？有了这个新工具的助力，在面对大量标本的筛选时，研究人员可以轻松不少。

小小昆虫早在约 1 亿年前就知道为了生存伪装自己、保护自己。科研人员通过各种先进的技术和手段，让我们有机会走近它们、了解它们，以另一种形式听听它们的故事。而随着科技的飞速发展，今后我们一定会听到更多关于过去的故事。

斑点与条纹的基因密码

撰文/郑 涛 韩 策

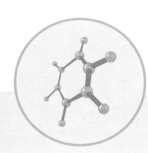

学科知识：

杂交 DNA 双螺旋结构 性状 黑色素细胞 胚胎

提到牛，人们熟悉的有黑白花纹的大奶牛、勤劳耕作的老黄牛、毛皮黑漆漆的水牛……为什么有的牛是单一颜色的，而有的牛有黑白花纹呢？在自然界中，除了牛，还有很多动物身上有斑点、条纹，比如斑马、金钱豹，甚至是家养的宠物猫、狗，等等，这些绚丽的皮毛图案令人着迷。那么这些美丽的动物皮毛图案是如何形成的？能否人为设计制作一些近似于动物斑纹的图案产品作为动物皮毛的替代品呢？

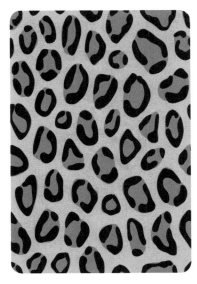

动物皮毛图案

基因是斑图的画笔

　　不同的物种有独特的斑图（花纹）特点，即使是同一物种，不同个体的斑图也可能存在差异，具有只属于自己的独特图案和条纹、斑点。这也是在漫长的生物进化过程中，出现的生物多样性的特点。

　　动物各种不同的花纹与色素的分布有关，这是漫长的进化结果。动物的斑图（花纹）有隐藏、迷惑的作用。比如，我国的奶牛以"黑白花奶牛"（旧称，现称"中国荷斯坦奶牛"）为主，是通过荷斯坦牛和中国黄牛杂交，并经过长期选育得到乳用型奶牛品种。斑马的条纹在其奔跑的时候会产生特殊的视觉效果，给追捕者制造视觉障碍以便顺利逃脱；而藏身于丛林中的豹子，由于有身上的斑点图案作伪装，才能在狩猎的过程中出奇制胜。

　　从生命科学的视角，早在1953年，美国科学家沃森和英国科学家克里克发表论文，正式提出DNA双螺旋结构模型，自此打开了基因世界的大门，他们发现了DNA对生命中信息传递的重要性，基因对性状的控制成为生命的奥秘所在。2003年人类基因组计划的测序工作完成，揭开了人体2.5万个基因，30亿个碱基对的秘密。基因可以决定性状，成为科学界的共

碱基对

腺嘌呤

胸腺嘧啶

胞嘧啶

鸟嘌呤

脱氧核糖与磷酸构成的骨架

DNA螺旋

DNA双螺旋结构模型示意图

识。随着科学和技术的发展，在生命科学的研究领域，对于不同生物、不同性状的基因调控机理研究成果日益增多，其中对于毛皮动物毛色调控基因的研究越来越深入。

研究发现，动物的毛色主要是由黑色素细胞产生的黑色素种类和分布决定。哺乳动物黑色素细胞能产生两种不同类型的黑色素，最重要的是呈现黄、红棕色的褐黑素和呈现黑、棕色的真黑素，褐黑素与真黑素的质量和比例决定了毛发和皮肤的最终颜色和分布。

动物的毛色主要由黑色素细胞产生的黑色素种类和分布决定

而调控毛皮动物毛色的主要候选基因有很多，MC1R 基因、Agouti 基因、TYR 基因等多种基因对于动物毛色有影响。其中，MC1R 基因和 Agouti 基因是研究较早，并已证实能调控哺乳动物毛色变异的关键基因。

不同生物的 MC1R 基因序列存在差异，这些差异多由突变造成，会引起动物毛色的变化，并能遗传给后代。MC1R 基因作为控制毛色的重要候选基因之一，引起了广泛关注，不同领域的科研人员对

MC1R 基因的结构、功能、作用机理等进行了深入的研究。比如：中国荷斯坦奶牛的毛色是其品种的重要特征之一，且与乳、肉等生产性能有直接关系。通过对公牛 MC1R 基因型的检测，就能够筛选出更具有经济价值的个体，保证后代花色及生产性能的稳定性。

中国荷斯坦奶牛的毛色是其品种的重要特征之一，且与乳、肉等生产性能有直接关系

由于基因在决定毛色的过程中，会受到很多因素的影响，比如环境、基因突变、代谢途径等，都会造成最终毛色的差异。

简言之，从生命科学的角度来解释，不同物种的基因有差异，从而产生了毛色的差异。同一物种的不同个体间基因也有差异，造成了个体差异。

动物斑纹中的数理化之谜

如果仔细观察，你会发现在自然界中斑马的身体和尾巴都是有条纹的，而豹子则是身体有斑点，尾巴有带斑点的，也有带条纹的。似乎没有身体有条纹，而尾巴有斑点的动物。那这种现象又该如何解释呢？是否在基因控制毛色的过程中，还要遵循物理和化学规律？毕竟生物体细胞中的新陈代谢过程，就是一个个化学反应过程。

如果我们追溯与毛色相关的色素起源，可以发现它与胚胎发育时期的神经嵴相关。神经嵴是一种具有高度迁移能力的多功能细胞群。在动物胚胎发育的过程中，神经嵴细胞从神经板迁移到表皮和真皮，之后分化为黑色素细胞的前体，最终分化为黑色素细胞。在这个过程中，黑色素形成及黑色素细胞的移动，都可以从物理和化学的角度来分析。

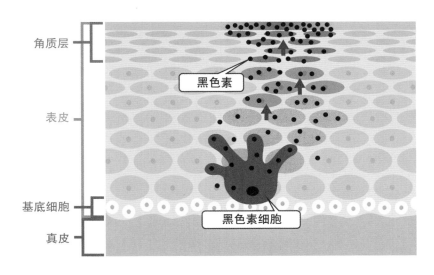

黑色素形成及黑色素细胞的移动

早在DNA双螺旋结构模型发现的前一年，也就是1952年，英国科学家图灵发表了论文，提出用反应扩散方程组作为生物形态的基本化学反应模型。该模型描述了不同的化学物质在一起反应、扩散到表面的情况。这一理论说明了生物在生长历程中包括细胞分裂、分化过

程中的物理化学过程，也说明了为什么生物在生长历程中形态各异。

从数学角度分析，斑图的反应扩散方程组是定义在一个圆柱体表面，表示色素扩散的数学模型，毛皮面积的形状和大小及其扩散波长都与此模型有关系。这样写成的非线性反应扩散方程组一般是找不出解的表达式的，但是按图灵的想法，我们可以判断常数解的稳定性，并得到在常数解附近线性化方程解的公式。这个公式是一个傅里叶级数，有很多因素会影响此函数，最重要的因素是身体长度和腰围的比值，比值越小越倾向于出现斑点型斑图，比值越大越倾向于出现条纹型斑图。所以可以看出自然界中，蛇等细长的动物，出现的多是条纹型斑图。同一个生物，应使用同样的反应扩散方程组，所以如果尾巴有斑纹，身体就不太可能出现条纹了。

现在已经有很多不同领域的研究学者，通过建立数学模型的方法，利用计算机模拟预测出不同的时空斑图，并找到与自然界斑图形成的一些共同特性。但目前来说，还没有任何一个理论，能够准确预测出某个生物从出生开始到生命结束毛色的变化过程。

要想揭开生物毛色的奥秘，还需要生物学家、数学家、物理学家和化学家一起，多角度进行综合分析和研究。

探秘地球之巅的植物精灵

文图／王　强

学科知识：

演化　垫状植物　光合作用

泛喜马拉雅地区是地球上重要且独特的地理单元，拥有十分丰富的高山植物区系。这是一个长满了奇花异草的地方，生长在不同海拔的众多植物精灵是泛喜马拉雅地区的灵魂，让我们一起去认识一下它们吧！

生长在不同海拔的植物精灵（示意图）

⊖　本文部分内容整理自作者发表的论文：
WANG Q, HONG D Y. Understanding the plant diversity on the roof of the world[J]. The Innovation, 2022, 3(2): 100215.

科研人员正在采集植物标本

"世界屋脊"的诞生

约6000万年前，断裂自冈瓦纳古陆的印度板块与欧亚板块相撞。这一伟大的地质事件造就了地球上最美丽、最广阔、最令人敬畏的山脉群——泛喜马拉雅地区。这片独特的区域由兴都库什山脉、喀喇昆仑山脉、喜马拉雅山脉、横断山脉四大山脉组成，拥有不计其数的雄伟、壮观、连绵不绝的雪山，包括全球最高的10座山峰中的9座（含世界最高峰珠穆朗玛峰），以及全球一半以上7000米级的山峰，形成了绝美的地球之巅，被誉为真正的"世界屋脊"。

由于地处温带、亚热带和热带气候交汇处，同时得益于印度洋和太平洋的季风影响，以及区域内强烈的造山运动，泛喜马拉雅地区的隆升形成了多样的生态环境，为植物的演化提供了绝佳的驱动力，并最终造就了极其丰富的植物多样性。

这里不仅有丰富多样的物种，还可以找到地球最北端的山地热带雨林，以及季雨林、山地常绿阔叶林、针阔混交林、寒温针叶林、亚高山灌丛草甸、真高山带、亚冰雪带至冰雪带中的完整植物类型。泛喜马拉雅地区拥有保护国际（CI）评估的全球 30 多个生物多样性热点地区中的 3 个，这意味着该区域有着高度丰富的生物多样性。

植物精灵"花名册"

泛喜马拉雅地区植物多样性研究正在揭开地球之巅的植物多样性面纱，这里有迷人、独特、壮观的高山植物区系，大量的高山花卉种类如龙胆属、虎耳草属、杜鹃花属和马先蒿属等分布在这里，大量的草本植物类群也在这里演化。接下来为大家介绍几种神奇的植物小精灵，分享我与它们相遇的美妙故事。

泛喜马拉雅地区求生欲最强的植物之一——高山贝母，它的花、叶、茎全都长成了石头的模样。高山贝母是一种非常昂贵的中药材，"伪装术"能帮助它逃脱盗挖者的注意。目前，高山贝母在中国国家标本资源库仅有 5 份标本，非常珍贵。

高山贝母

荆芥属植物

你可能对这种开着小紫花的藏荆芥感到陌生，但不少养猫人士对它的"近亲"——荆芥应该有所了解。荆芥就是猫薄荷，也叫"猫草"，大部分猫在闻了荆芥后，会陷入一种迷幻状态。荆芥之所以能产生这种作用，是因为它可以分泌一种叫作荆芥内酯的物质。

在泛喜马拉雅地区有种类繁多的荆芥属植物，包括异色荆芥、康藏荆芥等，都可以分泌荆芥内酯。比较基因组学研究发现，荆芥内酯不仅对猫有作用，对绝大多数的猫科动物，甚至大型的猫科动物，像老虎、豹子等也有致幻作用。

藏荆芥

在珠穆朗玛峰，可以轻易在流石滩上找到一种圆圆的"石头"。如果凑近看这种"石头"，会看到"石头"上有很多白色的小花朵。这其实不是石头上面开的花，而是一种植物，叫作垫状点地梅。它是一种垫状植物，非常矮小，贴近地面，所以不怕风吹，而且它采用"抱团取暖"的方式生存，甚至可以富集流石滩上面的水分和营养物质，为其他更加脆弱的、无法适应流石滩的植物提供一个生存的环境，让它们得以生存。我们把这类垫状植物称为"生态系统的工程师"。

垫状点地梅

垫紫草也是一种贴地的垫状植物，采用了和垫状点地梅类似的生长策略。

垫紫草

在西藏羊卓雍措附近的山坡上，经常能见到一种漂亮的植物——藏波罗花，它在泛喜马拉雅地区很具代表性，在这样贫瘠的环境中可以长出一大片，开出非常大的花朵。这是因为它埋在土里的根肥大、粗壮、肉质化，可以储存水分和营养物质，等到需要的时候再释放出来。

亚堆扎拉山上生长着一种不起眼的草本植物——乌奴龙胆，它是泛喜马拉雅地区植物中的"几何学霸"。它可以通过控制自己叶子的生长方式，镊合状排列，将叶子精准地排列为正方形。

藏波罗花

乌奴龙胆

在我国美丽的藏南地区，有大片的杜鹃花海，管花杜鹃、黄杯杜鹃、树形杜鹃、钟花杜鹃、三花杜鹃等在这里次第开放。英国爱丁堡皇家植物园引以为傲的收藏就是来自泛喜马拉雅地区的杜鹃花。100 多年前，英国人从泛喜马拉雅地区引种了上百种杜鹃花，在苏格兰这座著名的植物园里"安家落户"。

管花杜鹃

黄杯杜鹃

　　球果假沙晶兰跟一般的绿色植物不一样，它通体雪白，甚至是半透明的。因为不含叶绿素，所以它不能进行光合作用，靠吸收林下腐殖质中的营养和水分来存活。

球果假沙晶兰

塔黄在泛喜马拉雅地区名气很大，它用苞片将自己的花和果包起来。如果将它的苞片掀开，可以看到里面有非常多的小花。塔黄通过模拟温室来保护自己的花和果，苞片形成的"小温室"，其内温度要比外面的温度高出好几摄氏度。

塔黄

当前，泛喜马拉雅地区植物多样性面临诸多挑战——全球气候变暖导致冰川消融、亚冰雪带植被扩张。只有全面了解泛喜马拉雅地区的植物多样性组成和现状，才能对其加以保护，让这些植物精灵在地球之巅自在生长！

细胞"通信网络"

撰文/黄 胜

学科知识：

细胞 激素 神经递质 细胞因子 免疫细胞

我们的身体是一个由无数细胞构成的大型"工厂"。每个细胞都充满活力，孜孜不倦地履行着它们独特的职责。它们互相影响，共同协作，让我们的生命得以维系。显然，每个细胞都不是孤立存在的，它们之间通过精密、复杂的"通信网络"相互连接。让我们走进人体细胞"工厂"，探索其中奇妙的"通信网络"！

细胞之间靠谱的"信使"

庞杂的细胞"通信网络"，依靠着一些特殊的"信使"维持运转——它们负责在细胞之间传递重要的信息，告诉每个细胞应该做什么，以保障整个"工厂"（我们的身体）正常运行。它们之中，有3种"信使"极具代表性，那就是激素、神经递质和细胞因子。

"货运飞机"——激素

激素是我们体内最重要的一类"信使"，它们调节着身体的各种生理活动。我们可以把激素想象成飞机，把它们携带的特定信号想象成要运送的包裹。这些"飞机"从特定的"机场"——内分泌腺"起飞"，能够迅速到达身体的各个角落，将"包裹"送到远离内分泌腺的细胞和组织，帮助机体调整和适应各种生理过程和环境变化。

多种内分泌腺组成了我们的内分泌系统，它就像一个航空管理局，管理各个发送激素"包裹"的内分泌腺"机场"，统筹激素"飞机"的起降。

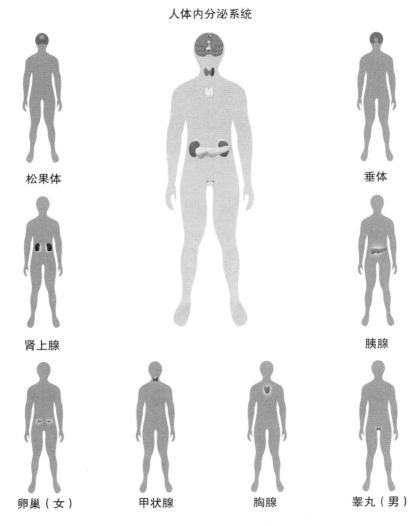

人体内分泌系统

松果体　　　　　　　　　　　　　　垂体

肾上腺　　　　　　　　　　　　　　胰腺

卵巢（女）　　甲状腺　　　胸腺　　　睾丸（男）

人体的主要内分泌腺

"电报"——神经递质

"厂区"的细胞间有无数的神经纤维，它们就像是一根根电缆，与神经细胞构成了一个复杂的"电报中心"——神经系统，在支持着人体的感知、思维和行动。

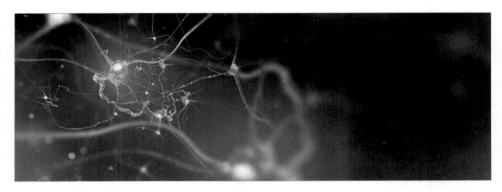

神经纤维示意图

在"电报中心"，神经递质是一类重要的"信使"，作为神经细胞之间传递信息的化学物质，它像电报一样在"电缆"上将信息迅速、准确地从一个细胞传到另一个细胞。

神经递质在神经细胞之间传递信息的示意图

"无线电"——细胞因子

细胞因子是另一个重要的"信使"，它像无线电一样广泛参与着细胞间的信息传递。细胞因子主要由免疫细胞产生，免疫细胞是人体的"卫兵"，它们组成了免疫系统这个"卫队"。当人体受到病原体和异常细胞等"入侵者"的攻击时，免疫系统"卫队"会通过细胞因子来调动各类免疫细胞，从而快速识别、清除"入侵者"。

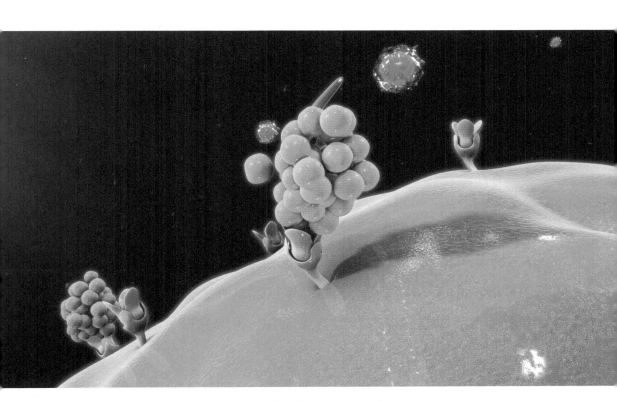

免疫细胞释放细胞因子示意图

细胞内部的转运

当各类"信使"到达了目的地，就会把它们携带的"信件"释放出来。这些"信件"进入细胞的方式也各有特色：有些"信件"可以像风一样，通过自由扩散到达目的地；有的则需要用车辆一样的载体蛋白运进细胞，或是通过特殊的细胞结构进入内部。

把蕴含着外界刺激信号的"信件"交给目标细胞后，细胞感受到了外界的刺激，便会通知其内部准备处理这些"信件"。只有带着特定信号的"信件"被细胞接收和读取后，细胞才能做出相应的"决策"和"行动"。

在转运过程中，细胞内的一系列蛋白质和小分子便会像无数个齿轮一样开始转动，在细胞内部形成一张巨大的"网"，"信件"内容将转变为可以在这张"网"上传递的信号。这张"网"具备整合、放大信号的功能，即使是微弱的外界信号也能被放大，让细胞感知，从而启动反应机制。

最终，信号传递"网"会触发细胞中特定基因的表达和蛋白质的活化，引发细胞的各种生物学响应，例如细胞的生长、分裂、移动和细胞的程序性死亡等。

受体，请查收

无论是在细胞的内部还是外部，想要接收到信息，还需要特定的"收件人"——受体。

受体被"安装"在细胞的表面或内部。不同的受体功能各有不同，会接收相应的"信件"。常见的受体有 G 蛋白偶联受体、酪氨酸激酶受体和离子通道受体等。

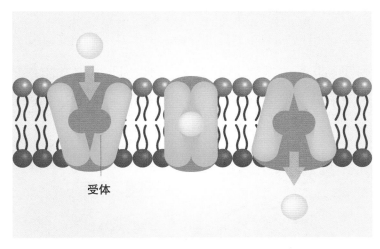

物质通过细胞膜上的受体进入细胞

例如，G 蛋白偶联受体是生物体存在的极为广泛的一类受体。它存在于细胞膜上，负责将细胞外部的信息传递到细胞内部，可以接收激素、细胞因子等多种物质。G 蛋白偶联受体就像我们身体中的"灯塔"，帮助细胞感知"光"（视觉信号）和"气味"（嗅觉信号）。

酪氨酸激酶受体像是细胞"建筑工地"的"指挥官"，控制着细胞的生长和分裂。

离子通道受体是细胞的"交通系统"，通过其开闭，控制神经信号的流动，保持信号传递的顺畅。

细胞的"通信故障"

虽然细胞"通信网络"大多数时候运行良好，但也不免会出现"通信故障"。例如，如果免疫细胞误将正常细胞当作"外来入侵者"，就会发生自身免疫性疾病，比如类风湿关节炎；如果细胞无法正常接收"产生胰岛素"的信号，就可能导致Ⅱ型糖尿病的发生。

每一次"通信故障"都是一个挑战，需要机体所有的细胞、组织和器官齐心协力，修复"通信网络"，有时还需要借助医疗手段才能恢复正常。

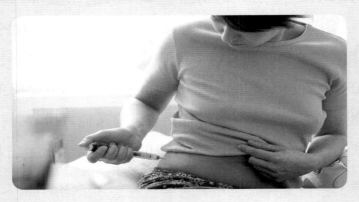

注射胰岛素是控制血糖的方式之一

这个庞大的"通信网络"让每个细胞都能够分享信息、协同工作，共同维护生命稳定。未来，科学家将对细胞进行更加深入的研究，每一项新的科学发现都将使我们的细胞"通信网络"更加强大、灵活，带领人类向更健康、更精彩、更充满活力的未来迈进。

直系血亲间能不能相互输血

撰文 / 洪嘉君　　绘图 / 陈 禾

学科知识:

遗传　免疫器官　淋巴细胞　组织器官　造血系统　血液

　　影视剧中经常有这样的情节：儿女意外受伤时，父母撸起袖子抢着输血。有些人认为，亲人间相互献血应该是最安全的。那么直系血亲间到底能不能相互输血呢？

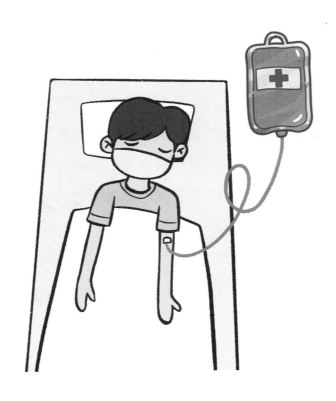

近亲输血很"要命"

输血，在医学中属于移植的一种，会伴随着一系列免疫反应。输血相关性移植物抗宿主病（TA-GVHD）就是其中的免疫反应之一，是一种极严重的输血并发症。

几年前，一部影视剧中的小男孩需要输血，男主角本想挺身而出，却因"直系血亲间不能输血"被阻止。不得不说，这个编剧还是下了功夫的，因为 TA-GVHD 这个可怕的输血副作用在亲属间发生的概率远高于非亲属。尤其是一级亲属，如父母与子女间，发病率要高很多。

血亲间输血副作用很大

这是为什么呢？原来，直系血亲（如父母及所生子女）之间，其基因在染色体方面一般为整段遗传。如果受血者与供血者是直系血亲，受血者的免疫器官可能难以识别供血者的淋巴细胞，这些淋巴细胞就可能在受血者体内存活、增殖并攻击受血者体内正常的组织器官和造血系统。

反之，受血者与供血者血缘关系越远，它们之间遗传学上的差异就越大，受血者的免疫器官就越容易识别和清除输入的淋巴细胞。

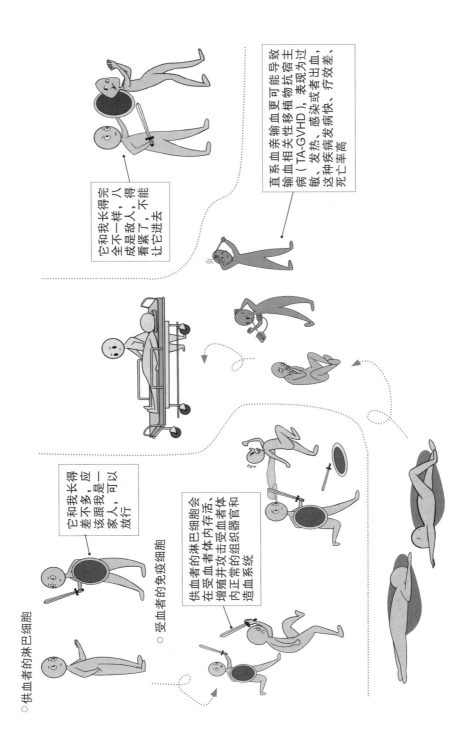

直系血亲输血更可能导致宿主抗植物主病（TA-GVHD），表现为过敏、发热、感染或者出血、这种疾病发病快、疗效差、死亡率高

它和我长得完全不一样，八成是敌人，得看紧了，不能让它进去

它和我长得差不多，应该跟我是一家人，可以放行

供血者的淋巴细胞会在受血者体内存活、增殖并攻击受血者体内正常的组织器官和造血系统

○ 供血者的淋巴细胞

○ 受血者的免疫细胞

 **知识链接**

聪明的头脑值得勇敢的行为：输血，不简单

输血，意味着将一个人的血液输到另一个人的身体里。现在看来是理所当然的，谁能想到，这一医疗技术的发展道路却漫长又复杂。

实际上，直到 1667 年，才出现人类历史上第一次真正意义上的输血治疗——向人输注羊羔血。虽然那次尝试中受血者很幸运地活了下来，但是后续的类似尝试却全部以失败告终，所有受血者都死在了输注动物血之后，这些输血事故导致输血一度消失在了人类历史记录中。

大约 150 年后，英国妇产科医生詹姆斯·布兰德尔注意到向狗输注人血也会导致狗的死亡，他敏锐地指出："向人输血时，应当考虑用人血。"

聪明的头脑值得勇敢的行为。布兰德尔决定冒险向产后大出血的妇女输血，在输注健康人的血后，产妇的死亡率虽然达到了 50%，但是要知道，此前，这种情况的死亡率可是 100%！布兰德尔证实了人向人输血的可能性。

布兰德尔的创举激励了人们进一步探索。20 世纪初，血型的发现标志着现代输血技术的诞生，该成就属于奥地利著名医学家卡尔·兰德斯坦纳，他也因此获得了 1930 年的诺贝尔生理学或医学奖。

如今，输血已发展成从血液采集到血液检验和处理，再到临床输血学的庞大技术群，每项技术的进步和每个亚领域的诞生都在不同程度上保障了受血者的安全。关于输血还有更多秘密，等待青少年朋友去发现和探索。